개정 교과서의 모든 수학 문장제가 한 권에!

한 권으로 끝내는

교과서 수학 문장제

아울북 초등교육연구소 지음

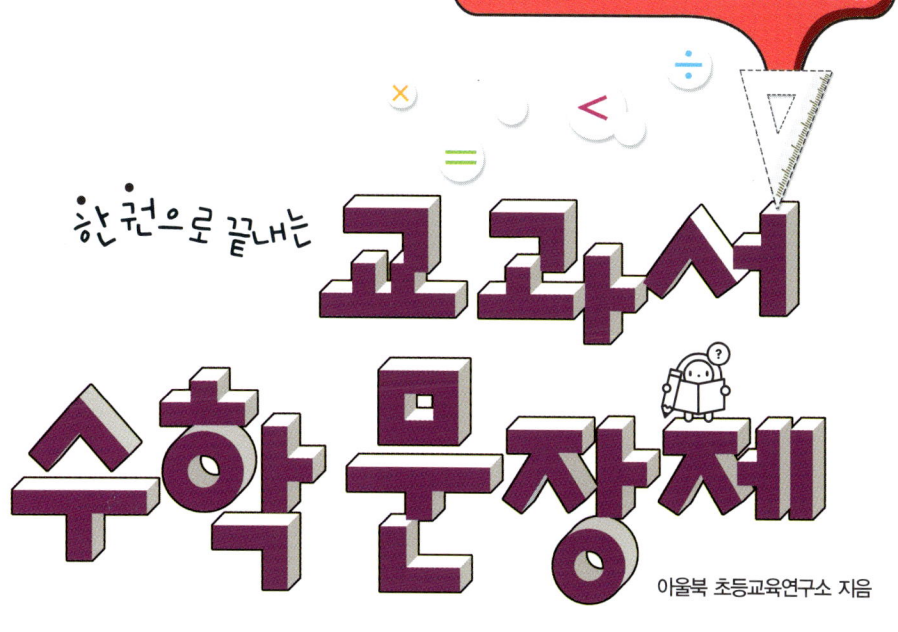

계산력 + 독해력 = 문장제

개정 교과서에 꼭 맞춘 124개의 유형!

아울북

이 책의 **활용법**

교과서 수학 문장제

이·렇·게 보세요 !

소주제

문장제가 주로 나오는 영역, 수 · 연산, 규칙성과 문제 해결을 여러 개의 소주제로 나누었습니다. 연관 학습차시로 나누었기 때문에 찾아보기가 용이합니다.

학습 목표

소주제별로 중요한 학습 목표를 제시함으로써 무엇을 알아야 하는지 알 수 있습니다.

학년–학기

해당 학년과 학기를 알수 있습니다.

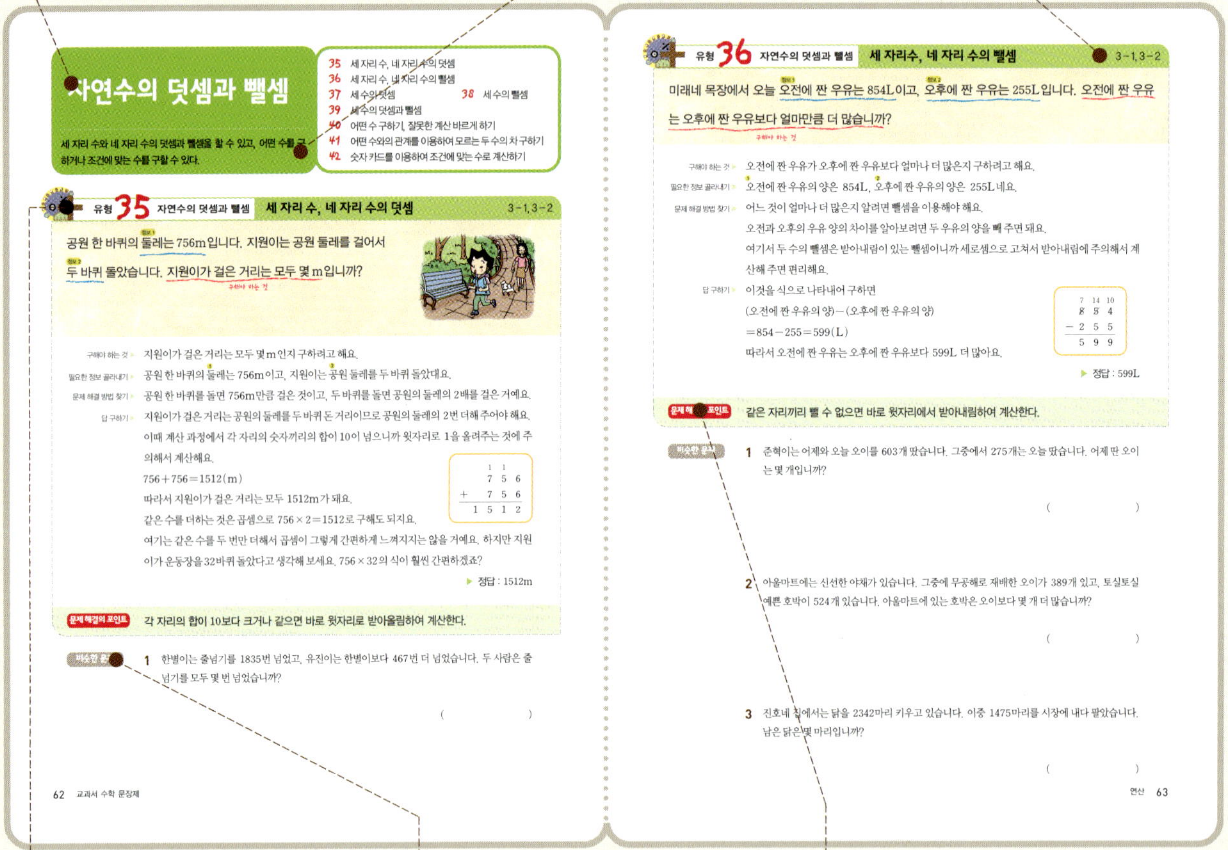

자연수의 덧셈과 뺄셈

세 자리 수와 네 자리 수의 덧셈과 뺄셈을 할 수 있고, 어떤 수를 구하거나 조건에 맞는 수를 구할 수 있다.

35 세 자리 수, 네 자리 수의 덧셈
36 세 자리 수, 네 자리 수의 뺄셈
37 세 수의 덧셈 38 세 수의 뺄셈
39 세 수의 덧셈과 뺄셈
40 어떤 수 구하기, 잘못한 계산 바르게 하기
41 어떤 수와의 관계를 이용하여 모르는 두 수의 차 구하기
42 숫자 카드를 이용하여 조건에 맞는 수로 계산하기

유형 35 자연수의 덧셈과 뺄셈 세 자리 수, 네 자리 수의 덧셈 3-1, 3-2

공원 한 바퀴의 둘레는 756m입니다. 지원이는 공원 둘레를 걸어서 두 바퀴 돌았습니다. 지원이가 걸은 거리는 모두 몇 m입니까?

구해야 하는 것 ▸ 지원이가 걸은 거리는 모두 몇 m인지 구하려고 해요.
필요한 정보 골라내기 ▸ 공원 한 바퀴의 둘레는 756m이고, 지원이는 공원 둘레를 두 바퀴 돌았대요.
문제 해결 방법 찾기 ▸ 공원 한 바퀴를 돌면 756m만큼 걸은 것이고, 두 바퀴를 돌면 공원의 둘레의 2배를 걸은 거예요.
답 구하기 ▸ 지원이가 걸은 거리는 공원의 둘레를 두 바퀴 돈 거리이므로 공원의 둘레의 2번 더해 주어야 해요. 이때 계산 과정에서 각 자리의 숫자끼리의 합이 10이 넘으니까 윗자리로 1을 올려주는 것에 주의해서 계산해요.
756+756=1512(m)
따라서 지원이가 걸은 거리는 모두 1512m가 돼요.
같은 수를 더하는 것은 곱셈으로 756×2=1512로 구해도 되지요.
여기는 같은 수를 두 번만 더해서 곱셈이 그렇게 간편하게 느껴지지는 않을 거예요. 하지만 지원이가 운동장을 32바퀴 돌았다고 생각해 보세요. 756×32의 식이 훨씬 간편하겠죠?

▸ 정답 : 1512m

문제 해결의 포인트 각 자리의 합이 10보다 크거나 같으면 바로 윗자리로 받아올림하여 계산한다.

비슷한 문제 1 한별이는 줄넘기를 1835번 넘었고, 유진이는 한별이보다 467번 더 넘었습니다. 두 사람은 줄넘기를 모두 몇 번 넘었습니까? ( )

62 교과서 수학 문장제

유형 36 자연수의 덧셈과 뺄셈 세 자리수, 네 자리 수의 뺄셈 3-1, 3-2

미래네 목장에서 오늘 오전에 짠 우유는 854L이고, 오후에 짠 우유는 255L입니다. 오전에 짠 우유는 오후에 짠 우유보다 얼마만큼 더 많습니까?

구해야 하는 것 ▸ 오전에 짠 우유가 오후에 짠 우유보다 얼마나 더 많은지 구하려고 해요.
필요한 정보 골라내기 ▸ 오전에 짠 우유의 양은 854L, 오후에 짠 우유의 양은 255L네요.
문제 해결 방법 찾기 ▸ 어느 것이 얼마나 더 많은지 알려면 뺄셈을 이용해야 해요. 오전과 오후의 우유 양의 차이를 알아보려면 두 우유의 양을 빼 주면 돼요. 여기서 두 수의 뺄셈은 받아내림이 있는 뺄셈이니까 세로셈으로 고쳐서 받아내림에 주의해서 계산해 주면 편리해요.
답 구하기 ▸ 이것을 식으로 나타내어 구하면
(오전에 짠 우유의 양)−(오후에 짠 우유의 양)
=854−255=599(L)
따라서 오전에 짠 우유는 오후에 짠 우유보다 599L 더 많아요.

▸ 정답 : 599L

문제 해결의 포인트 같은 자리끼리 뺄 수 없으면 바로 윗자리에서 받아내림하여 계산한다.

비슷한 문제
1 준혁이는 어제와 오늘 오이를 603개 땄습니다. 그중에서 275개는 오늘 땄습니다. 어제 딴 오이는 몇 개입니까? ( )
2 아울마트에는 신선한 야채가 있습니다. 그중에 무공해로 재배한 오이가 389개 있고, 토실토실 예쁜 호박이 524개 있습니다. 아울마트에 있는 호박은 오이보다 몇 개 더 많습니까? ( )
3 진호네 집에서는 닭을 2342마리 키우고 있습니다. 이중 1475마리를 시장에 내다 팔았습니다. 남은 닭은 몇 마리입니까? ( )

연산 63

유형 번호

초등 3, 4학년의 개정 교과서에서 다루는 문장제의 주요 유형을 정리하였으며, 학습차시별 문장제, 문제 소재별 문장제, 문제 해결방법별 문장제를 모두 담았습니다.

비슷한 문제

유형과 동일한 문제, 유형과 관련된 학습차시의 문제, 연관 심화 문제를 풀어봅니다.

문제 해결의 포인트

유형별로 문제를 해결하는 방법을 명확히 꼬집었습니다.

들어가기에 앞서

'수학 문장제'란 무엇인지, 그리고 왜 어려워하는지, 그렇다면 어떤 순서로 푸는 것이 좋을지 재미있는 만화로 소개합니다.

연산
플러스 확인 문제

1 네 자리 수 중 천의 자리의 숫자가 7인 둘째로 작은 수와 백의 자리의 숫자가 3인 둘째로 큰 수의 차를 구하시오.
( )

2 진석이는 5, 3, 8의 숫자 카드를, 민준이는 9, 2, 6의 숫자 카드를 가지고 있습니다. 가지고 있는 숫자 카드를 한 번씩 사용하여 세 자리 수를 만들 때, 두 수의 합이 가장 작은 경우의 합을 구하시오.
( )

3 어느 꽃집에서 장미를 어제는 1564송이 팔았고, 오늘은 어제보다 789송이 더 팔았습니다. 꽃집에서 어제와 오늘 판 장미는 모두 몇 송이입니까?
( )

4 지연이는 2580원을 가지고 있습니다. 성민이는 지연이보다 890원 더 많이 가지고 있고, 창현이는 지연이와 성민이가 가진 돈의 합보다 3750원 더 많이 가지고 있습니다. 창현이가 가진 돈은 얼마입니까?
( )

5 화단에 벚꽃 314송이가 피었습니다. 일주일이 지나자 벚꽃 157송이가 떨어지고, 장미 269송이가 피었습니다. 화단에 피어 있는 꽃은 모두 몇 송이입니까?
( )

6 진성이는 구슬 376개를 가지고 있습니다. 이중에서 157개를 동생에게 주었고, 형에게서 139개를 받았다면 진성이가 가지고 있는 구슬은 모두 몇 개입니까?
( )

102 교과서 수학 문장제

플러스 확인 문제

각 영역의 말미에 있는 관련 문제입니다. 유형별로 문장제를 정리한 후 간단히 실력을 확인해 볼 수 있습니다.

일 러 두 기

1. 3, 4학년이 한 권에

초등학교 3학년과 4학년의 난이도의 차이는 분명히 있지만 그 상관관계는 매우 밀접합니다. 수학의 학습 내용은 단계별 학습이기 때문입니다.

예를들어 3학년에 분수를 배우면 조금 더 심화된 내용이 4학년에 나옵니다. 그래서 3학년때 기초를 튼튼히 하지 못하면 4학년 내용 학습에서 혼란이 올 수밖에 없습니다.

2. 서술형 · 논술형 문제에 대비

2010학년도부터 초등학생도 중간 · 기말 고사에 서술형(논술형)문제가 30%이상 출제됩니다. 이 양은 절대 무시할 수 없으며 이제는 〈한 권으로 끝내는 교과서 수학 문장제〉로 문제를 대하는 태도부터 선행되어야 합니다.

3. 문장제 유형 선정

문장제란 일상생활과 관련된 상황이 질문으로 제시되는 수학적 문제로 언어적 기능과 산술적 처리 기능을 동시에 요구하는 문제를 말합니다. 〈한 권으로 끝내는 교과서 수학 문장제〉는 초등 3,4학년 개정 교과서에 맞춰 학습차시별, 자주 나오는 소재별로 대표 유형을 뽑아 정리하였습니다.

이 책의 차례

교과서 수학 문장제

이·런·순·서로 있어요 !

연산

이 책의 차례

계산천재 나연산 군의 어느 날

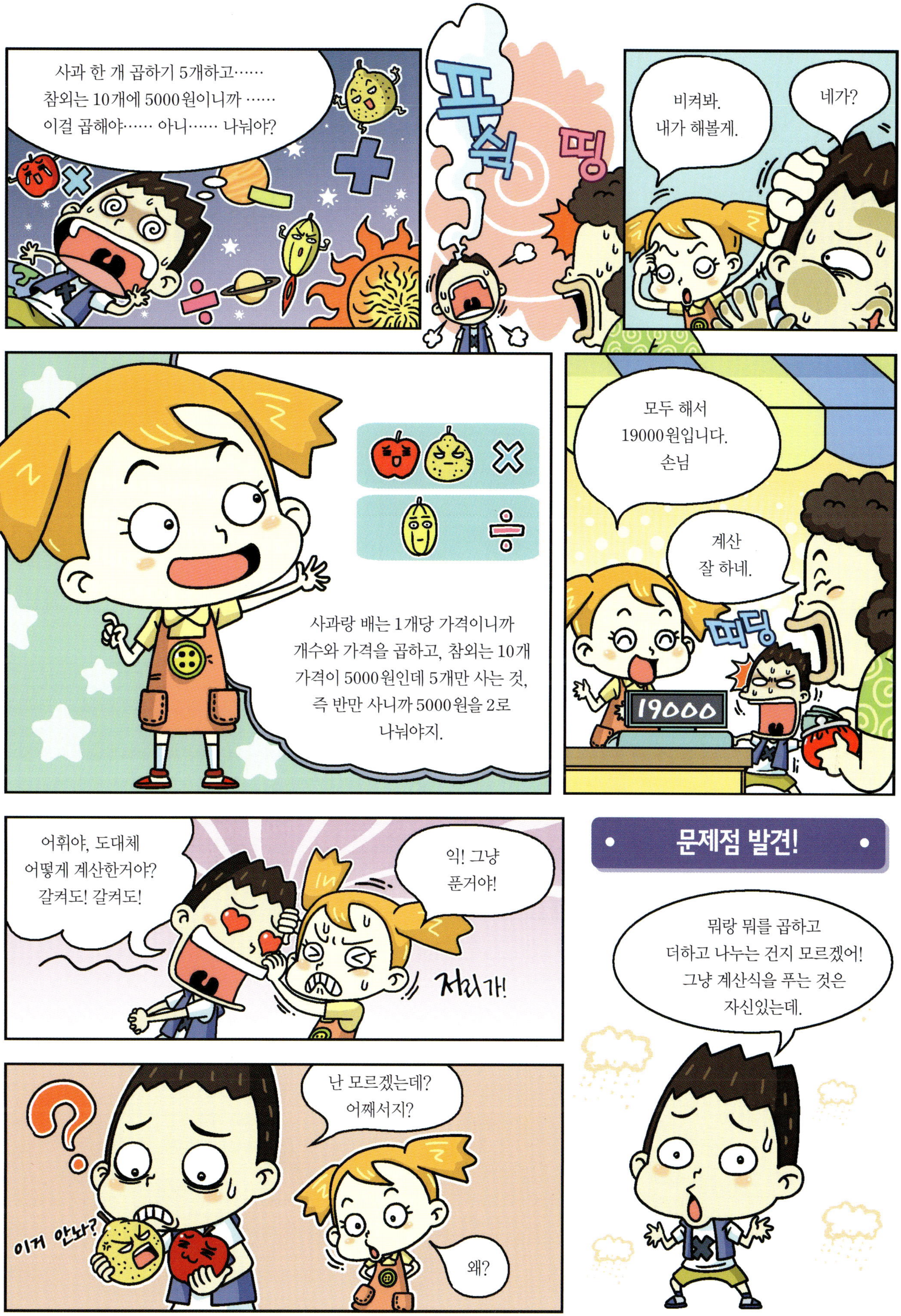
사과 한 개 곱하기 5개하고……
참외는 10개에 5000원이니까 ……
이걸 곱해야…… 아니…… 나눠야?
푸식
띵
비켜봐.
내가 해볼게.
네가?
사과랑 배는 1개당 가격이니까
개수와 가격을 곱하고, 참외는 10개
가격이 5000원인데 5개만 사는 것,
즉 반만 사니까 5000원을 2로
나눠야지.
모두 해서
19000원입니다.
손님
계산
잘 하네.
띠딩
19000
어휘야, 도대체
어떻게 계산한거야?
갈켜도! 갈켜도!
익! 그냥
푼거야!
저리가!
문제점 발견!
뭐랑 뭐를 곱하고
더하고 나누는 건지 모르겠어!
그냥 계산식을 푸는 것은
자신있는데.
이거 안봐?
난 모르겠는데?
어째서지?
왜?

32 + 15
정답: 47
나연산은 왜
같은 문제를 두고 잘풀기도 하고
못풀기도 할까?
철수는 사과 32개와 배 15개를 샀다. 그럼, 철수가 산 과일은 모두 몇개?
정답: ?
맞아 그랬었어.
난 항상 수학천재라고
불리어왔지만, 문장제
앞에서는 꼼짝없이
얼어붙었지.
김어휘! 나좀 도와줘.
난 왜 문장제만 보면 작아질까?
음~
도대체 문장제가 뭐야?
두려워 마,
나연산 군!
변신
휘로로로
멍미?
사과는 1개에 1500원,
배는 1개에 3000원,
참외는 10개에 5000원
입니다. 사과 5개, 배 3개,
글이 많다고 해서
무조건 어렵겠다고
생각하지마.
(1500 x 5)
+
(3000 x 3)
+
(5000 ÷ 10 x 5)
= ?
이 문제를
한 번 풀어봐.
째깍
째깍
짠
19000
째깍
굿잡!

그럼 이번에는
이 문제를 풀어 봐.
사과는 1개에 1500원, 배는 1개에 3000원, 참외는 10개에 5000원입니다. 사과 5개, 배 3개, 참외 5개를 사면 모두 얼마일까요?
이렇게 어려운 걸
어떻게……?

방금 네가 푼 계산식과
이 문장제는 똑같은 문제야.
정말?

문장제란?

문장제란 일상생활과 관련된 상황이 질문으로 제시되는 수학적 문제로 언어적 기능과 산술적 처리 기능을 동시에 요구하는 문제를 말합니다.

그래, 문장제를

있다면 충분히

그러려면 문제 앞에서
기죽지마.
당당하게!
쭈뼛
쭈뼛

해결순서 1
문제를 읽어봐. 도대체 무엇을 구해야
하는 것인지 생각하면서 말이야.
해결순서 2
다음으로 답을 구하는데 있어서
어떤 정보가 필요한지를 골라내야해.

해결순서 3
그리고는 그 정보를 어떻게 요리하느냐
즉 뛰어 세야 하는지, 더해야 하는지, 곱해야 하는지
답을 구하는 방법을 알아내야해.
1500 × 5 + 3000 × 3 + 5000 ÷ 10 × 5
해결순서 4
그리고는 실수없이
계산해서 답을

7500 + 9000 + 2500

문장제 푸는 순서

구해야 할 것 알기 ➔ 필요한 정보 골라내기 ➔ 문제 해결 방법 찾기 ➔ 답 구하기

되네?
사과는 한개에 1500원, 배는 1개에 3000원, 참외는 10개에 5000원입니다. 사과 5개, 배 3개, 참외 5개를 사면 모두 얼마일까요?
정답 : 19000원

문장제 이렇게 해결하자.

1 '구해야 하는 것'을 찾아라

여기 문제가 있어. 먼저 한번 읽어봐.

혜빈이는 지금까지 모아왔던 저금통을 깨 은행에 저금하려고 합니다. 저금통 안에는 1000원짜리 지폐가 3장, 500원짜리 동전이 4개, 100원짜리 동전이 32개 있었습니다. 저금통 안에 있는 돈은 모두 얼마입니까?

이자도 안 붙는 망할 돼지 저금통.

여기서 내가 구해야 할 게 무엇인지 찾아봐.
저금통, 1000원, 모두, 얼마?
혜빈이의 저금통 수?
땡!
NO
저금통 안에 얼마짜리가 있는지?
땡!
NO
저금통 안에 얼마가 있는지?
Yes
딩동댕~
이렇게 밑줄을 그어 놓는 것도 좋은 방법이야.
저금통 안에 있는 돈은 모두 얼마인가?
문제를 읽고 내가 무엇을 구해야 하는지 '이해' 해야겠구나…

직접 한번 **해 봐!**

문제를 읽고, 구해야 하는 것이 무엇인지 고르세요.

서울에서 부산까지 가는 KTX 열차에 4795명이 타고 있습니다. 이번 역에서 1869명이 타고, 2537명이 내렸습니다. 현재 열차에 타고 있는 사람은 몇 명입니까?

① KTX 열차에 타고 있던 사람 수
② 현재 열차에 타고 있는 사람 수
③ 이번 역에서 타고 내린 사람 수

지호네 농장에 오리와 양이 모두 5마리 있습니다. 오리와 양의 다리 수를 세어 보니 모두 14개였습니다. 지호네 농장에 있는 오리와 양은 각각 몇 마리입니까?

① 오리와 양의 전체 다리 수
② 오리와 양이 각각 몇 마리인지
③ 오리와 양이 전체 마리 수

직접 한번 **해 봐!**

문제를 읽고, 구해야 하는 것에 밑줄을 그어 보세요.

길이가 10cm인 색 테이프 2장을 길게 이었습니다. 이어 붙이는데 겹친 부분이 2cm라면 이은 색 테이프 전체의 길이는 몇 cm입니까?

도서관에 동화책 420권, 위인전 360권이 있습니다. 이중 동화책만 책꽂이에 꽂으려고 합니다. 책꽂이는 모두 몇 칸이 필요합니까? 단, 책꽂이 한 칸에는 책을 6권씩 꽂을 수 있습니다.

답: ② / ② / 이은 색 테이프 전체의 길이 / 책꽂이는 모두 몇 칸이 필요

2 답을 구하기 위하여 '필요한 정보'를 골라 내라.

저금통 안에 있는 돈이 모두 얼마인지를 구하려면 저금통 안에 얼마 짜리가 얼마나 있는지를 알아야 해.

혜빈이는 지금까지 모아왔던 저금통을 깨 은행에 저금하려고 합니다. 저금통 안에는 1000원짜리 지폐가 3장, 500원 짜리 동전이 4개, 100원 짜리 동전이 32개 있었습니다. 저금통 안에 있는 돈은 모두 얼마입니까?

문제를 읽으면서 적당한 내용으로 으로 끊어봐.

혜빈이는 저금통을 깨 은행에 저금하려고 합니다.
첫번째 문장의 경우는 어떤 정보가 아니라 문제가 주어진 상황일 뿐이야. 정보가 아니니 무시해도 돼.
난 헷갈려서 연필로 지워버렸어.
그럼 필요한 정보가 무엇일까?
저금통엔 1000원짜리 3장, 500원짜리 4개, 100원짜리 32개가 들어있어.
정보 ① 1000 X 3
정보 ② 500 X 4
정보 ③ 100 X 32
1000 3 4 500 100 32
숫자로 나온건 모두 정보같아.
아니야, 그런 생각은 위험해. 아닌 경우도 많거든.

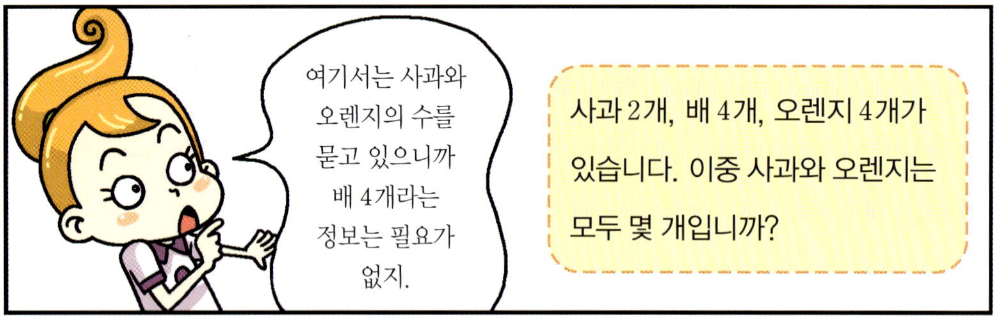
여기서는 사과와 오렌지의 수를 묻고 있으니까 배 4개라는 정보는 필요가 없지.
사과 2개, 배 4개, 오렌지 4개가 있습니다. 이중 사과와 오렌지는 모두 몇 개입니까?

불필요한 정보가 있는 문장제

필요 없는 정보가 더 많이 들어 있는 문장제

오리 3마리, 강아지 8마리가 있습니다. 오리와 강아지의 다리 수는 모두 몇 개입니까?
내가 그정도 기본 지식은 있지.
또 여기서는 오리의 다리가 2개, 강아지의 다리가 4개인 사실을 미리 알고 있어야지 문제를 풀 수 있겠지.

불충분한 정보가 있는 문장제

필요한 정보를 문제 속에서 만들어 내거나, 원래 알고 있는 개념을 활용해야 하는 문장제

직접 한번 **해 봐!**

문제를 잘라서 읽고, 답을 구하는 데 필요 없는 부분을 연필로 지워 보세요.

서울에서 부산까지 가는 KTX 열차에 4795명이 타고 있습니다. 이번 역에서 1869명이 타고, 2537명이 내렸습니다. 현재 열차에 타고 있는 사람은 몇 명입니까?

지호네 농장에 오리와 양이 모두 5마리 있습니다. 오리와 양이 다리 수를 세어 보니 모두 14개였습니다. 지호네 농장에 있는 오리와 양은 각각 몇 마리입니까?

직접 한번 **해 봐!**

답을 구할 때, 필요한 정보의 번호를 골라 쓰세요.

길이가 10cm인(정보 1) 색 테이프 2장을(정보 2) 길게 이었습니다. 이어 붙이는데 겹친 부분이 2cm라면(정보 3) 이은 색 테이프 전체의 길이는 몇 cm입니까?

[필요한 정보]

____

도서관에 동화책 420권,(정보 1) 위인전 360권이 있습니다.(정보 2) 이중 동화책만 책꽂이에 꽂으려고 합니다. 책꽂이는 모두 몇 칸이 필요합니까? 단, 책꽂이 한 칸에는 책을 6권씩 꽂을 수 있습니다.(정보 3)

[필요한 정보]

____

답 : 생략 / 생략 / 1, 2, 3 / 1, 3

3 답을 '구할 방법'을 찾아라.

혜빈이는 지금까지 모아왔던 저금통을 깨 은행에 저금하려고 합니다. 저금통 안에는 1000원짜리 지폐가 3장(정보 1), 500원 짜리 동전이 4개(정보 2), 100원 짜리 동전이 32개(정보 3) 있었습니다. 저금통 안에 있는 돈은 모두 얼마입니까?(구해야 하는 것)

문제를 읽고, 문제를 해결할 방법을 생각해 보세요.

서울에서 부산까지 가는 KTX 열차에 4795명이 타고 있습니다. 이번 역에서 1869명이 타고, 2537명이 내렸습니다. 현재 열차에 타고 있는 사람은 몇 명입니까?

(1) 열차에 있는 사람에서 열차에 탄 사람 수는 (더하고, 빼고), 열차에서 내린 사람 수는 (더한다, 뺀다)

(2) 알맞은 식은 어느 것입니까?

① 4795＋1869－2537

② 4795－1869＋2537

③ 4795＋1869＋2537

과일가게에 귤이 한 상자에 8개씩 모두 7상자가 있습니다. 이 귤을 한 봉지에 3개씩 담으려고 합니다. 몇 봉지에 담을 수 있고, 남은 귤은 몇 개입니까?

(1) 가장 먼저 한 상자에 들어있는 귤의 수를 구한다. ➔ 구한 전체 귤을 3으로 (뺀다, 나누다). ➔ 이때, 몫이 (봉지 수, 남은 귤 수)이고, 나머지가 (봉지 수, 남은 귤 수)

(2) 한 상자에 들어 있는 귤의 수를 구하는 식이 아닌 것은 어느 것입니까?

① 8×7＝56

② 7×8＝56

③ 3×7＝21

길이가 10cm인 색 테이프 2장을 길게 이었습니다. 이어 붙이는데 겹친 부분이 2cm라면 이은 색 테이프 전체의 길이는 몇 cm입니까?

(1) 겹친 부분이 없다면 10cm를 (　　)번 더해 (　　)cm이다.

(2) 겹치는 부분이 있으므로 전체 길이에서 그 만큼을 (더한다, 뺀다).

(3) 알맞은 식은 어느 것입니까?

① 10×10－2

② (10＋10)－2

③ 10＋2－10

도서관에 동화책 420권, 위인전 360권이 있습니다. 이중 동화책만 책꽂이에 꽂으려고 합니다. 책꽂이는 모두 몇 칸이 필요합니까? 단, 책꽂이 한 칸에는 책을 6권씩 꽂을 수 있습니다.

(1) 동화책 수가 (　　)의 몇 배인지를 알아야 합니다.

(2) (　　)에 6이 몇 번 들어가는지 알아봅니다.

(3) 그러려면 (420÷6＝70, 360÷6＝60)의 식을 사용합니다.

답 : (1) 더하고, 빼다. (2) ① / (1) 나누다, 봉지 수, 남은 귤 수 (2) ③ / (1) 2, 20 (2) 빼다 (3) ② / (1) 6 (2) 420 (3) 420÷6＝70

4 '답'을 구하라.

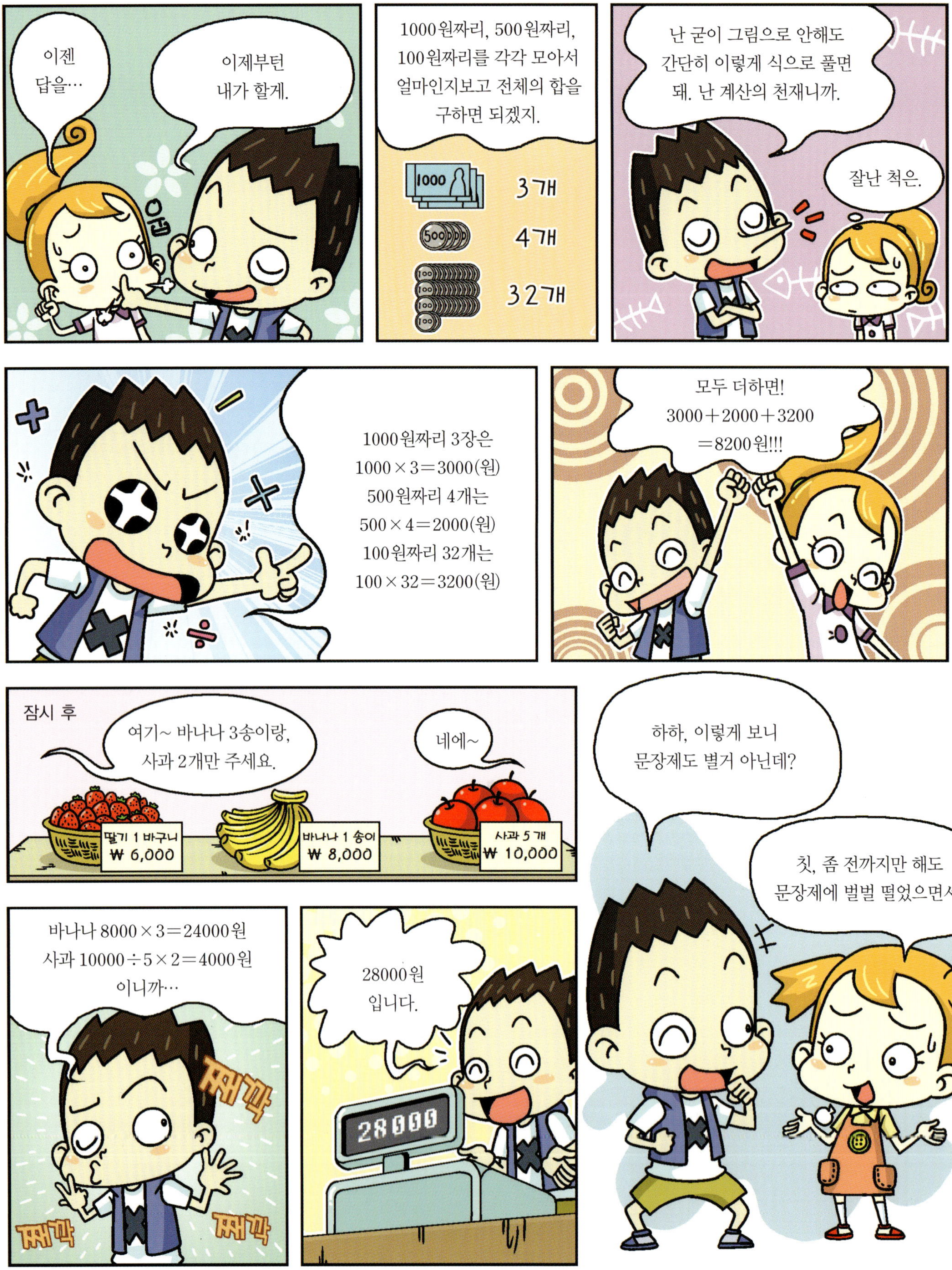

이젠 답을…
이제부턴 내가 할게.
읍
1000원짜리, 500원짜리, 100원짜리를 각각 모아서 얼마인지보고 전체의 합을 구하면 되겠지.
1000
3개
500
4개
100
32개
난 굳이 그림으로 안해도 간단히 이렇게 식으로 풀면 돼. 난 계산의 천재니까.
잘난 척은.
1000원짜리 3장은 1000 × 3 = 3000(원) 500원짜리 4개는 500 × 4 = 2000(원) 100원짜리 32개는 100 × 32 = 3200(원)
모두 더하면! 3000 + 2000 + 3200 = 8200원!!!
잠시 후
여기~ 바나나 3송이랑, 사과 2개만 주세요.
네에~
딸기 1 바구니 ₩ 6,000
바나나 1 송이 ₩ 8,000
사과 5 개 ₩ 10,000
하하, 이렇게 보니 문장제도 별거 아닌데?
바나나 8000 × 3 = 24000원 사과 10000 ÷ 5 × 2 = 4000원 이니까…
째깍
째깍
째깍
28000원 입니다.
28000
칫, 좀 전까지만 해도 문장제에 벌벌 떨었으면서.

문제를 풀어 답을 구해 보세요.

1 서울에서 부산까지 가는 KTX 열차에 4795명이 타고 있습니다. 이번 역에서 1869명이 타고, 2537명이 내렸습니다. 현재 열차에 타고 있는 사람은 몇 명입니까?

2 과일 가게에 귤이 한 상자에 8개씩 모두 7상자가 있습니다. 이 귤을 한 봉지에 3개씩 담으려고 합니다. 몇 봉지에 담을 수 있고, 남은 귤은 몇 개입니까?

이미 앞에서
순서대로 밟아 온
문제야.

3 길이가 10cm인 색 테이프 2장을 길게 이었습니다. 이어 붙이는데 겹친 부분이 2cm라면 이은 색 테이프 전체의 길이는 몇 cm입니까?

4 도서관에 동화책 420권, 위인전 360권이 있습니다. 이중 동화책만 책꽂이에 꽂으려고 합니다. 책꽂이는 모두 몇 칸이 필요합니까? 단, 책꽂이 한 칸에는 책을 6권씩 꽂을 수 있습니다.

방법을 알았으니
방법대로 실수없이
풀기만 해~

다른 문제들도 풀어 보세요.

5 마트에 무공해로 재배한 오이가 168개있고, 토실토실 예쁜 호박이 1078개있습니다. 마트에 있는 오이와 호박은 모두 몇 개입니까?

구하려고 하는 것은 오이와 호박의 수의 합이에요.

6 영민이는 종이배가 140개나 있습니다. 이 중 100개는 자신이 가지고, 나머지를 친구 4명에게 똑같이 나누어 주려고 합니다. 친구 한 명은 종이배를 몇 개씩 가지게 되겠습니까?

종이배 140개 중 친구들에게 나누어 준 것이 몇 개인지 알려면 어떻게 해야 할까요?

7 색종이가 5000장 있습니다. 한 묶음에 100장씩 묶는다면 색종이는 몇 묶음이 됩니까?

문제해결은 꼭 한 가지 방법만 있는 것이 아니에요. 자신이 편한 방법을 선택하세요.

8 희진이는 가지고 있던 돈의 $\frac{1}{2}$을 저금 하였습니다. 남은 돈을 보니 2000원이었다면 희진이가 처음에 가지고 있던 돈은 얼마입니까?

$\frac{1}{2}$이라면 절반을 뜻해요.
즉 가지고 있는 돈의 절반을 저금한 것이네요.

답 : 1. 4127명 2. 18봉지, 2개 3. 18cm 4. 70칸 5. 1246개 6. 10개 7. 50묶음 8. 4000원

수

start!

"수는 모든 문제를 풀 때의 가장 기본"

들어가기 직전

간단한 질문에 답해 보자.

- 3부터 2씩 두 번 뛰어 세면 몇일까?

  답 ______

- 12에서 1이 나타내는 값은?

  답 ______

- 5와 9 중 어느 수가 더 클까?

  답 ______

- 1의 절반을 분수로 나타내어 보면?

  답 ______

- 123은 몇 자리 수일까?

  답 ______

- 수를 썼을 때 십의 자리의 수가 왼쪽에 올까, 일의 자리의 수가 왼쪽에 올까?

  답 ______

- $\frac{3}{4}$에서 분모가 클까? 분자가 클까?

  답 ______

- 120에서 가장 오른쪽 끝에 있는 0은 수의 크기를 나타내는데 필요할까?

  답 ______

- 34.7은 37.4 보다 큰가, 작은가?

  답 ______

- 10보다 크고 14보다 작은 자연수는 몇 개?

  답 ______

답 : 7, 10, 9, $\frac{1}{2}$, 세 자리 수, 십의 자리, 분모, 필요하다, 작다, 3개

자연수 1

네 자리 수부터 큰 수까지 알고, 조건에 맞는 수를 구할 수 있다.

유형 1 자연수 1 1000, 몇천 3-1

양훈이는 심부름을 할 때마다 어머니께 100원씩 받았습니다. 심부름을 하여 두 달 동안 100원짜리 동전 40개를 모았습니다. 양훈이가 두 달 동안 모은 돈은 모두 얼마입니까?

정보 1 정보 2 구해야 하는 것

구해야 하는 것 ▶ 양훈이가 두 달 동안 모은 돈이 모두 얼마인지 구하려고 해요.

필요한 정보 골라내기 ▶ 두 달 동안 모은 돈이 100원짜리 동전 40개네요.

풀이 방법이 한 가지는 아니에요.

문제 해결 방법 찾기와 답 구하기 ▶ 동전을 10개씩 묶어서 생각해 보세요. 한 묶음은 1000원이고, 40개는 4묶음이죠? 1000에서 1000씩 4번을 뛰어 세면 1000−2000−3000−4000으로 4000입니다.

이런 방법이 오히려 복잡하다면 연산식을 이용해 보세요.

100원짜리 동전 40개는 100원의 40배와 같으므로 곱셈식으로 구할 수 있어요.

$100 \times 40 = 4000$(원)

▶ 정답 : 4000원

문제 해결의 포인트 100이 10이면 1000, 100이 20이면 2000
100이 몇이면 몇백, 100이 몇십이면 몇천이다.

비슷한 문제

1 과일가게에 곶감이 한 줄에 10개씩 100줄이 있습니다. 곶감은 모두 몇 개입니까?

( )

2 상연이네 과수원에서는 올해 수확한 사과를 한 상자에 100개씩 담아 모두 60상자를 팔았습니다. 판 사과는 모두 몇 개입니까?

( )

문구점에 공책이 [정보 1] 1000권씩 들어 있는 상자가 3개, [정보 2] 100권씩 들어 있는 상자가 5개 있고, [정보 3] 10권씩 9묶음과 [정보 4] 낱권으로 6권 있습니다. 문구점에 있는 공책은 모두 몇 권입니까?

구해야 하는 것

구해야 하는 것 ▸ 문구점에 공책이 모두 몇 권이 있는지를 구하려고 해요.

필요한 정보 골라내기 ▸ 1000권씩, 100권씩, 10권씩 따로 묶여 있죠? 묶음 별로 각각 몇 개가 있는지 잘 살펴보세요.
① 1000권씩 3묶음, ② 100권씩 5묶음, ③ 10권씩 9묶음이 있어요. ④ 낱권 6권도 놓치지 마세요.

문제 해결 방법 찾기 ▸ 이제 각 묶음별로 얼마만큼인지 구한 후, 모두를 더하면 전체 공책이 몇 권인지 알게 될 거예요.
1000이 3인 수는 3000, 100이 5인 수는 500, 10이 9인 수는 90이지요?

답 구하기 ▸ 3000과 500, 90과 6을 모두 모으면 3596이에요.
곱셈을 이용해 간단히 알아볼 수도 있어요.
1000의 3배는 $1000 \times 3 = 3000$, 100의 5배는 $100 \times 5 = 500$, 10의 9배는 $10 \times 9 = 90$,
낱개 6을 모두 더하면 $3000 + 500 + 90 + 6 = 3596$이 나와요.

▸ 정답 : 3596권

문제 해결의 포인트

1000원짜리 ■장 : ■000원
100원짜리 ■개 : ■00원
10원짜리 ■개 : ■0원
→ 전체 금액은 각각 구한 값을 모두 더한다.

비슷한 문제

1 유나의 저금통에는 1000원짜리 지폐가 2장, 100원짜리 동전이 15개, 10원짜리 동전이 27개 들어 있습니다. 유나의 저금통에 들어 있는 돈은 모두 얼마입니까?

(　　　　　　)

2 1000원짜리 지폐가 3장, 100원짜리 동전이 20개, 10원짜리 동전이 15개 있습니다. 이 돈으로 100원짜리 구슬을 몇 개까지 살 수 있습니까?

(　　　　　　)

정보 1, 정보 2, 정보 3, 정보 4, 정보 5

유빈이는 용돈이 생길 때마다 조금씩 모아두었습니다. 100000원짜리가 1장, 10000원짜리가 4장, 1000원짜리가 9장, 100원짜리가 4개, 10원짜리가 1개였습니다. 유빈이가 모은 돈은 모두 얼마입니까?

구해야 하는 것

구해야 하는 것 ▶ 유빈이가 모은 돈이 모두 얼마인지를 구해야 하네요.

필요한 정보 골라내기 ▶ 문제에서는 100000원짜리, 10000원짜리, 1000원짜리, 100원짜리, 10원짜리가 각각 몇 개 있는지를 알려주고 있어요.

문제 해결 방법 찾기 ▶ 1 100000원짜리가 1장, 2 10000원짜리가 4장, 3 1000원짜리가 9장, 4 100원짜리가 4개, 5 10원짜리가 1개라고 해요. 숫자가 커졌다고 하더라도 어렵게 생각하지 마세요.
네 자리 수와 마찬가지로 이들 모두를 각각 얼마인지 구한 후 모두를 더하면 되니까요.

답 구하기 ▶ 100000이 1이면 100000, 10000이 4이면 40000, 1000이 9이면 9000, 100이 4이면 400, 10이 1이면 10이 되지요.
이 모두를 더하면 $100000+40000+9000+400+10=149410$이랍니다.

▶ 정답 : 149410원

문제 해결의 포인트

10000원짜리 10장 : 100000원
10000원짜리 100장 : 1000000원
10000원짜리 1000장 : 10000000원
10000원짜리 10000장 : 100000000원
10000원짜리 100000000장 : 1000000000000원

비슷한 문제

1 재석이가 모은 돈은 100000원 짜리가 1장, 100원짜리가 50개입니다. 모두 얼마입니까?

(   )

2 10000원짜리가 1000장, 1000원짜리가 2300장이 있습니다. 모두 얼마입니까?

(   )

3 빛이 1년 동안 갈 수 있는 거리인 1광년은 9조 4600억 km입니다. 100광년을 km로 나타낼 때 숫자 0의 개수는 몇 개입니까?

(   )

정보 1 / 정보 2

은행에서 53800000원을 100만 원권 수표로 가능한 많이 찾고, 남은 돈은 10만 원권 수표로 찾으려고 합니다. 100만 원권과 10만 원권의 수표를 각각 몇 장씩 찾아야 합니까?

구해야 하는 것

구해야 하는 것 ▸ 구해야 하는 것은 53800000원을 100만 원권과 10만 원권 수표로 각각 몇 장씩으로 찾을 수 있는지예요.

필요한 정보 골라내기 ▸ 여기서 중요한 건 1 100만 원권으로 가능한 많이 찾고 2 나머지를 10만 원권으로 찾는다는 거죠.

문제 해결 방법 찾기 ▸ 53800000을 보기 쉽게 써 보면 5380만이죠? 이제 5380만에 100만이 몇 번 들어가는지 보세요. 그리고 남은 값에서 같은 방법으로 10만이 몇 번 들어가는지를 보면 돼요.

답 구하기 ▸ 한눈에 보이지 않는다면 나누어서 생각해 보세요.
5380만을 5000만+300만+80만으로 나누어서 생각해 보는 거예요.
5000만에 100만이 50번 들어가요. 300만에는 100만이 3번 들어가죠.
80만에는 100만이 들어갈 수 없고, 10만이 8번 들어갈 수 있어요.
즉 5380만에는 100만이 53번, 10만이 8번 들어갑니다.
이제 이것을 돈으로 바꾸어 말하면 정답이 되는 거예요.

▸ 정답 : 100만 원권 : 53장, 10만 원권 : 8장

문제 해결의 포인트 숫자로 수를 나타낸 경우에 0이 너무 많아서 한눈에 읽기 어려운 수를 몇만, 몇억 몇만처럼 0 대신 수의 단위를 써서 나타내면 보기 편하다.

예 700000000000 ➡ 7000억
700040000000 ➡ 7000억 4000만

비슷한 문제

1 10000원짜리 지폐로 1억 원을 만들려고 합니다. 10000원짜리 지폐가 100장씩 묶여 있다면, 모두 몇 묶음이 있어야 합니까?

(　　　　　　　)

2 소아암 어린이 돕기 행사에서 성금이 49150000000원 모였습니다. 한 명에게 천만 원씩 병원비를 지원해 주기로 하였습니다. 모두 몇 명의 어린이를 지원해 줄 수 있습니까?

(　　　　　　　)

유형 5 자연수 1 숫자 카드를 이용하여 조건에 맞는 수 만들기 3-1, 4-1

정보 1: **2**, **5**, **0**, **3** 의 숫자 카드를 한 번씩만 사용하여 정보 2: 십의 자리가 3인 수 중에서 가장 큰 네 자리 수를 만들어 보시오. (구해야 하는 것)

구해야 하는 것 ▶ 가장 큰 네 자리 수를 만들려고 해요.

필요한 정보 골라내기 ▶ ①숫자 2, 5, 0, 3을 이용해서 네 자리 수를 만들어야 하지요. 중요한 건 숫자를 한 번씩만 사용해야 한다는 것, 또 ②십의 자리가 3이어야 한다는 것이에요.

문제 해결 방법 찾기 ▶ 수에는 자리가 있어요. 네 자리 수라면 왼쪽부터 천의 자리, 백의 자리, 십의 자리, 일의 자리가 있어요. 높은 자리에 큰 숫자를 놓아야 큰 수가 된답니다.

답 구하기 ▶ □ □ **3** □ 이렇게 네 자리 수가 되도록 만들어 놓은 다음 앞에서부터 빈칸에 큰 수를 넣으면 돼요.

즉 5, 3, 2, 0의 순서로 쓰면 되는데 십의 자리 숫자는 이미 3으로 정해져 있으므로 5, 2, 0을 앞에서부터 차례로 써 주세요.

그러면 가장 큰 네 자리 수 5230이 된답니다.

▶ 정답 : 5230

문제 해결의 포인트

만들어야 할 자릿수만큼 빈칸을 그리고,
문제에서 정해진 숫자를 주어진 숫자의 자리에 먼저 채운 후,

- 가장 큰 수 만들기 ➡ 큰 숫자부터 앞쪽에
- 가장 작은 수 만들기 ➡ 작은 숫자부터 앞쪽에 (단, 0이 맨 앞에 올 수 없다.)

비슷한 문제

1 숫자 카드가 **0**, **1**, **2**, **3**, **4**, **5**, **6**이 있습니다. 이 숫자 카드를 한 번씩만 사용하여 가장 큰 일곱 자리 수를 만들어 보시오.

(　　　　　　　　)

2 숫자 카드가 **1** 이 3장, **4** 가 3장 있습니다. 이 숫자 카드를 모두 사용하여 십만의 자리가 4인 여섯 자리의 수 중 가장 작은 수와 둘째로 작은 수를 만들어 보시오.

(　　　　　　,　　　　　　)

조건에 맞는 수 만들기

다음 조건에 맞는 수를 쓰고, 읽어 보시오.

> ㉠ 4부터 9까지의 숫자를 한 번씩 사용하여 만든 수입니다.
> ㉡ 십만의 자리의 숫자는 일의 자리의 숫자보다 2배가 더 큽니다.
> ㉢ 천의 자리의 숫자는 6입니다.
> ㉣ 조건 ㉡과 ㉢을 만족하는 수 중 둘째로 큰 수입니다.

구해야 하는 것 ▶ 문장으로 제시된 조건을 차근차근 읽어 보고, 조건을 모두 만족하는 수를 구해야 해요.

문제 해결 방법 찾기 ▶ 네 가지 조건을 하나씩 꼼꼼이 읽어가면서 정답을 찾아요.

답 구하기 ▶ ㉠ 4, 5, 6, 7, 8, 9를 한 번씩 사용해야 해요. 정답은 여섯 자리 수가 되겠네요.

㉡ 주어진 숫자가 4, 5, 6, 7, 8, 9이므로 일의 자리의 숫자가 4가 되어야 4의 2배인 8이 주어진 숫자에 해당이 되지요? 만약 일의 자리에 4 이외의 숫자가 오면 십만의 자리가 일의 자리의 2배에 해당되는 숫자가 없어요.

8	□	□	□	□	4
십만					일

㉢ 여섯 자리 수에서 천의 자리 숫자를 채워 넣어 봅시다.

8	□	6	□	□	4
		천			

㉣ 앞의 빈칸부터 큰 숫자를 넣어 가장 큰 수부터 생각해 봅니다. 9, 7, 5의 순으로 앞의 빈칸부터 채워 넣으면 가장 큰 수는 896754입니다. 가장 큰 수는 십의 자리에 가장 작은 수를 넣었지만 둘째로 큰 수는 십의 자리에 둘째로 작은 수를 넣으면 됩니다. 따라서 9, 5, 7의 순서로 채워 넣으면 둘째로 큰 수는 896574가 됩니다.

▶ 정답 : 896574, 팔십구만 육천오백칠십사

문제 해결의 포인트 가장 쉽게 결정할 수 있는 조건부터 차례로 채워 나간다.

비슷한 문제

1 다음 조건에 맞는 수를 쓰시오.

> ㉠ 1, 2, 4, 5, 6, 7로 만들어진 여섯 자리의 수입니다.
> ㉡ 750000보다 크고 752000보다 작습니다.
> ㉢ 십의 자리의 숫자가 6입니다.
> ㉣ 일의 자리의 숫자가 백의 자리의 숫자보다 큽니다.

( )

자연수 2

수의 자릿값을 알고 크기를 비교할 수 있다.

유형 7 자연수 2 수의 자릿값

3-1, 4-1

어느 과일가게에서 귤 한 상자에 25000원(정보 1), 배 한 상자에 52000원(정보 2)에 판매하고 있습니다. 25000에서의 2는 52000에서의 2의 몇 배입니까?(구해야 하는 것)

구해야 하는 것 ▶ 25000에서의 2는 52000에서의 2의 몇 배인지 묻고 있어요.

문제 해결 방법 찾기 ▶ ① 25000에서의 2의 값이 얼마인지, ② 52000에서의 2의 값이 얼마인지를 생각해 봅니다.

답 구하기 ▶ 25000에서의 2는 만의 자리입니다. 여기서 2는 20000을 나타내죠.
52000에서의 2는 천의 자리입니다. 여기서 2는 2000을 나타내고요.
그럼 20000은 2000의 몇 배일까요? $20000 \div 2000 = 10$이니까 10배가 되네요.

▶ 정답 : 10배

문제 해결의 포인트

6666
- 십의 자리 : 60
- 천의 자리 : 6000

같은 숫자라 하더라도 위치에 따라 자릿값이 달라진다.

비슷한 문제

1 1에서 4까지의 숫자를 한 번씩만 써서 가장 큰 네 자리 수를 만들 때 1은 얼마를 나타냅니까?

( )

2 1에서 9까지의 숫자를 한 번씩만 써서 아홉 자리 수를 만들 때, 가장 작은 수에서 4가 나타내는 수는 가장 큰 수에서 4가 나타내는 수의 몇 배입니까?

( )

정보 1 / 정보 2

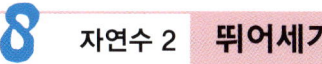

창수는 극장 매표소 앞에서 1024번이 찍힌 대기표를 받아 줄을 서 있습니다. 방금 매표소에서 1019번 대기표를 가진 손님이 표를 샀다면, 몇 개의 대기 번호가 지난 후에 창수 차례가 되겠습니까?

구해야 하는 것

구해야 하는 것 ▸ 창수 차례가 지금부터 몇 개의 대기 번호가 지난 후인지 알아야 해요.

필요한 정보 골라내기 ▸ ① 창수가 가지고 있는 대기표 번호는 1024번이고, ② 방금 표를 산 손님의 대기 번호는 1019번이에요.

문제 해결 방법 찾기 ▸ 1019 다음부터 1씩 더해 보세요. 즉 1씩 뛰어 세어 보세요. 일의 자리의 숫자가 1씩 커지죠. 다른 자리 수를 뛰어 세는 것도 같아요. 100만의 자리의 수를 1씩 뛰어 세면 100만의 자리의 숫자가 1씩 커지고, 10만의 자리의 수를 2씩 뛰어 세면 10만의 자리의 숫자가 2씩 커지거든요.

답 구하기 ▸ 1019 − 1020 − 1021 − 1022 − 1023 − 1024 (창수)

1씩 몇 번 뛰어 세었나요? 5번 뛰어 세었네요. 따라서 5개의 대기 번호가 지난 후에 창수 차례가 됩니다.

▸ 정답 : 5개

문제 해결의 포인트 뛰어세기는 어떤 자리의 수가 몇씩 커지는지에 유의한다.

- 2462−2562−2662−2762 ➡ 백의 자리의 숫자가 1씩 커진다.
- 90010−100010−110010−120010 ➡ 만의 자리의 숫자가 1씩 커진다.

비슷한 문제

1 유민이는 문구점에서 학용품을 사고, 동전으로 2480원을 낸 다음 1000원짜리 지폐를 한 장씩 5번 냈습니다. 학용품값은 얼마입니까?

( )

2 1분 후에 10000마리씩 늘어나는 세균을 배양하려고 합니다. 50040마리의 세균을 배양하기 시작한다면, 5분 후에 모두 몇 마리가 되겠습니까?

( )

유형 9 자연수 2 수의 크기 비교

어느 세 도시의 인구를 조사하였습니다. 정보 1 평화도시는 154047명, 정보 2 정든도시는 십오만 사천오십명, 정보 3 희망도시는 98653명입니다. 인구가 가장 많은 도시는 어디입니까? (구해야 하는 것)

구해야 하는 것 ▶ 인구가 가장 많은 도시가 어디인지 묻고 있어요.

필요한 정보 골라내기 ▶ ① 평화도시는 154047명, ② 정든도시는 십오만 사천오십명, ③ 희망도시는 98653명입니다.

문제 해결 방법 찾기 ▶ 우선 정든도시의 인구도 숫자로 나타낸 다음 세 도시의 인구 수를 비교해 보고, 가장 큰 수를 찾아봅시다.

답 구하기 ▶ 십오만 사천오십을 수로 나타내면, 154050입니다.
이제 세 수를 비교합니다.
154047, 154050, 98653의 크기를 비교해 볼까요?
자릿수는 순서대로 여섯 자리, 여섯 자리, 다섯 자리입니다. 자릿수가 많을수록 큰 수예요. 다섯 자리인 수는 가장 작으므로 여섯 자리인 두 수를 비교합니다.

154047, 154050

높은 자리의 숫자부터 차례로 비교합니다.
십만, 만, 천, 백의 자리까지 똑같고, 십의 자리가 $4<5$예요.
십의 자리에서 더 큰 숫자를 가지고 있는 154050이 더 큽니다.
$154050>154047>98653$이므로 정든도시, 평화도시, 희망도시의 순으로 인구가 많습니다.

▶ 정답 : 정든도시

문제 해결의 포인트 수의 형태로 나타낸다. ➡ 자릿수를 비교한다 ➡ 높은 자리의 숫자부터 비교한다.

비슷한 문제

1 A 회사의 TV 가격은 245500원입니다. B 회사의 TV 가격은 300780원입니다. 두 회사 중 어느 회사의 TV 가격이 더 비쌉니까?

( )

2 어느 출판사에서 나온 여성잡지가 지난 달에 324100부 판매되었고, 이번 달에는 342100부 판매되었다고 합니다. 여성잡지는 지난 달과 이번 달 중 언제 더 적게 팔렸습니까?

( )

가려져 있는 숫자가 있는 수의 크기 비교

여덟 자리의 두 수가 적혀 있는 종이의 일부분이 찢겨져 보이지 않는 곳이 있습니다. 어느 색 종이에 적힌 수가 더 큰 수입니까?

구해야 하는 것

구해야 하는 것 ▶ 어느 색 종이에 적힌 수가 더 큰지 알아야 해요.

필요한 정보 골라내기 ▶ 두 수 모두 여덟 자리 수라고 해요. 찢어져서 안 보이는 숫자를 □로 하여 수를 나타내면,

1 파란색 종이에 적힌 수는 2196□□68이에요. 왜 □가 두 개냐고요?

여덟 자리 수라고 했잖아요.

2 빨간색 종이에 적힌 수는 21□525□7이에요.

문제 해결 방법 찾기와 답 구하기 ▶ 자릿수가 같으므로 높은 자리의 숫자부터 크기를 비교해 봐야겠죠?

	천만	백만	십만	만	천	백	십	일
파란색	2	1	9	6	□	□	6	8
빨간색	2	1	□	5	2	5	□	7

천만, 백만의 자리의 숫자는 2와 1로 각각 같아요.

십만의 자리의 숫자는 9와 □네요. □에 가장 큰 숫자인 9가 들어갈 수도 있다고 생각하고 다음을 비교해 보아요.

만의 자리의 수는 6 > 5로 (파란색) > (빨간색)이에요. 자, 이미 정답이 나왔어요

빨간색 종이에서 십만 자리의 숫자가 9가 되어도 결국은 파란색 종이에 적힌 수가 더 클 수밖에 없어요.

잠깐, □에 어떤 숫자가 들어가도 성립해야 하니까 처음부터 □에 9를 모두 넣어서 21969968과 21952597을 비교하는 방법도 있답니다.

▶ 정답 : 파란색 종이

문제 해결의 포인트

모르는 자리의 숫자를 □로 두어 수를 쓴 다음,

- 큰 수 찾기 ➡ □에 9를 넣어 크기를 비교한다.
- 작은 수 찾기 ➡ □에 0을 넣어 크기를 비교한다.
  (단, 수의 가장 앞자리에는 0을 넣지 않는다.)

비슷한 문제

1 현주, 윤석, 국향, 수진이는 각각 1에서 9까지의 숫자가 적힌 숫자 카드 9장을 가지고 있습니다. 이 숫자 카드를 각각 한 번씩만 사용하여 다음과 같이 7자리 수를 만들 때, 가장 큰 수를 만들 수 있는 사람은 누구입니까?

- 현주 : 5□6□79□
- 윤석 : 57□□1□4
- 국향 : 5□49□26
- 수진 : 5□□7429

(　　　　　　　　)

분수 1

분수의 의미를 이해하고 전체에 대한 부분의 양을 분수로 나타낼 수 있다.

유형 11 분수 1 부분은 전체에서 얼마인지 분수로 나타내기 3-1

지수는 [정보 1] 지난 주에 달걀 30개를 사다가 냉장고에 넣어두었습니다. 그런데 [정보 2] 오늘 보니 달걀이 5개만 있었습니다. 현재 달걀의 수는 처음 달걀의 수의 얼마인지 분수로 나타내시오. (구해야 하는 것)

구해야 하는 것 ▶ 현재 달걀 수는 처음 달걀 수의 얼마인지 분수로 나타내는 문제예요.

필요한 정보 골라내기 ▶ ❶ 지난 주 달걀 수가 30개이고, ❷ 오늘 달걀 수는 5개라고 나와 있어요.

문제 해결 방법 찾기 ▶ 분수는 분모와 분자로 이루어져 있지요? 가로 선 아래에는 전체를 나타내는 분모가, 가로 선 위에는 부분을 나타내는 분자가 있어요.

$\frac{2}{5}$라는 분수를 보세요. 이 분수의 의미는 전체 5개 중의 2만큼의 양이라는 뜻이에요.

답 구하기 ▶ 이제 현재 달걀 수가 전체를 나타내는 것인지 부분을 나타내는 것인지를 알아야 해요.

처음 달걀에 대해서 현재 달걀 수를 비교하는 것이니까 현재 달걀 수는 부분, 전체 달걀 수는 전체가 될 거예요.

따라서 처음 달걀 수가 분모로, 현재 달걀 수가 분자인 분수로 나타낼 수 있어요.

또는 달걀 30개를 5개씩 묶으면 모두 6묶음이 나옵니다. 달걀 5개는 6묶음 중 1묶음이므로 $\frac{1}{6}$로도 나타낼 수 있어요.

▶ 정답 : $\frac{5}{30}\left(\frac{1}{6}\right)$

문제 해결의 포인트 '●는 ■의 얼마' 인지 분수로 나타낼 때에는 '■' 부분이 분모, '●' 부분이 분자가 된다.

비슷한 문제

1 진희가 가지고 있는 구슬은 7개이고, 혜원이가 가지고 있는 구슬은 28개입니다. 진희가 가지고 있는 구슬은 혜원이가 가지고 있는 구슬의 몇 분의 몇입니까?

( )

전체의 부분만큼을 빼고 남은 것 알기

수경이는 가지고 있던 종이학 300개 중 200개를 남자친구에게 선물하였습니다. 현재 수경이에게 남아 있는 종이학은 처음의 얼마만큼인지 분수로 나타내시오.

정보 1 / 정보 2 / 구해야 하는 것

구해야 하는 것 ▶ 수경이에게 남아 있는 종이학은 처음의 얼마만큼인지 분수로 나타내는 문제예요.

필요한 정보 골라내기 ▶ ① 가지고 있던 종이학은 300개, ② 남자친구에게 선물한 종이학은 200개라고 했어요.

문제 해결 방법 찾기 ▶ 남아 있는 종이학이 몇 개인지를 알아야 정답을 구할 수 있겠죠?
그런 다음 분수의 꼴로 만들면 돼요.

답 구하기 ▶ 300개에서 200개를 줬으니까 현재 수경이에게 남은 종이학은 $300-200=100$(개)예요.
그럼 100개는 300개의 얼마만큼인지 분수로 나타내어 볼까요?
여기서 전체는 300, 부분은 100입니다. 그래서 $\frac{100}{300}$으로 나타낼 수 있어요.
또는 300은 100씩 3묶음이므로 100은 300의 $\frac{1}{3}$이랍니다.

▶ 정답 : $\frac{100}{300}\left(\frac{1}{3}\right)$

문제 해결의 포인트

남아 있는 종이학 수가 처음 종이학 수의 얼마만큼인지 알려면 처음 종이학 수와 남아 있는 종이학 수를 모두 알아야 한다.
따라서 주어진 정보를 이용하여 현재 수경이에게 남아 있는 종이학 수를 먼저 구한다.

비슷한 문제

1 사과 한 상자에 사과가 30개 들어 있습니다. 지성이는 사과 두 상자를 모두 사려니까 너무 많아서 한 상자에서는 사과 15개를 빼내고 샀습니다. 지성이가 산 사과의 상자 수를 분수로 나타내시오.

( )

2 재현이는 길이가 45cm인 색 테이프를 사서 선물을 포장하는 데 36cm를 사용하였습니다. 남은 색 테이프는 전체의 몇 분의 몇입니까?

( )

3 수진이는 한 묶음에 10장씩 들어 있는 색종이를 2묶음 샀습니다. 종이학을 접는 데 4장을 사용하고, 친구에게 5장을 빌려 주었습니다. 남은 색종이는 수진이가 산 색종이의 몇 분의 몇입니까?

( )

설날에 가래떡 예쁘게 썰기 대회가 있었습니다. 하지만 보라는 칼질이 서툴러 가래떡의 $\frac{1}{9}$밖에 썰지 못했습니다. 대회장에서는 썰지 못한 부분은 돌려달라고 했습니다. 보라가 돌려줘야 할 가래떡의 양은 썬 가래떡의 양의 몇 배입니까?

(정보 1: 가래떡의 $\frac{1}{9}$ / 정보 2: 썰지 못한 부분은 돌려달라고 / 구해야 하는 것: 보라가 돌려줘야 할 가래떡의 양은)

구해야 하는 것 ▶ 보라가 썰지 못한 가래떡의 양은 썬 가래떡의 양의 몇 배인지 구해야 해요.

필요한 정보 골라내기 ▶ ① 보라는 가래떡의 $\frac{1}{9}$을 썰었다고 합니다. ② 썰지 못한 부분은 돌려 줘야 하네요.

문제 해결 방법 찾기 ▶ 보라가 썬 가래떡의 양을 알고 있으니 썰지 못한 부분도 분수로 나타낼 수 있어요.
전체 가래떡의 양을 1로 봅니다. 분수에서 1이란 완전한 수거든요.
$\frac{9}{9}$는 1과 같아요. 전체를 똑같이 9로 나눈 것 중 9는 전체와 같잖아요. 보라가 $\frac{1}{9}$만큼 썰었으니 남은 부분은 $\frac{8}{9}$입니다.

답 구하기 ▶

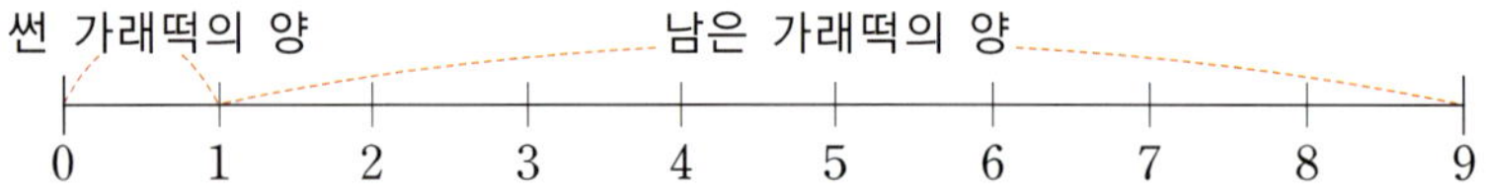

$\frac{1}{9}$이 2이면 $\frac{2}{9}$가 되고, $\frac{1}{9}$이 3이면 $\frac{3}{9}$이 돼요.
따라서 $\frac{8}{9}$은 $\frac{1}{9}$이 8인 수이니까 $\frac{1}{9}$의 8배가 되는 거예요.

▶ 정답 : 8배

문제 해결의 포인트 $\frac{8}{9}$은 $\frac{1}{9}$의 8배, $\frac{8}{9}$은 $\frac{2}{9}$의 4배, 분모가 같으므로 분자의 크기로 몇 배인지 구한다.

비슷한 문제

1 미호의 생일에 케이크 전체의 $\frac{1}{6}$만큼 먹었습니다. 남은 케이크는 먹은 케이크의 몇 배입니까?

( )

2 가 비커에 물이 $\frac{2}{11}$L 담겨 있습니다. 나 비커에 담겨 있는 물이 가 비커에 담겨 있는 물의 3배라면 나 비커에 담겨 있는 물은 몇 L입니까?

( )

자연수의 분수만큼 알기

은아네 학교 운동장의 둘레는 400m입니다. 은아는 쉬는 시간에 운동장 한 바퀴를 돌려고 합니다. 운동장의 $\frac{3}{4}$을 돌았는데 수업 시작 종이 울렸습니다. 은아가 운동장을 돈 거리는 몇 m입니까?

정보 1: 운동장의 둘레는 400m
정보 2: 운동장의 $\frac{3}{4}$
구해야 하는 것

구해야 하는 것 ▶ 은아가 돈 운동장의 거리를 구해야 해요.

필요한 정보 골라내기 ▶ 은아네 학교 ❶운동장의 둘레가 400m이고, 은아는 ❷운동장 한 바퀴의 $\frac{3}{4}$을 돌았다고 합니다.

문제 해결 방법 찾기 ▶ 400m에서 $\frac{3}{4}$ 지점이 몇 m인지를 찾으려면 400을 4로 똑같이 나눈 후, 그중 3이 몇인지 알면 되겠죠?

답 구하기 ▶

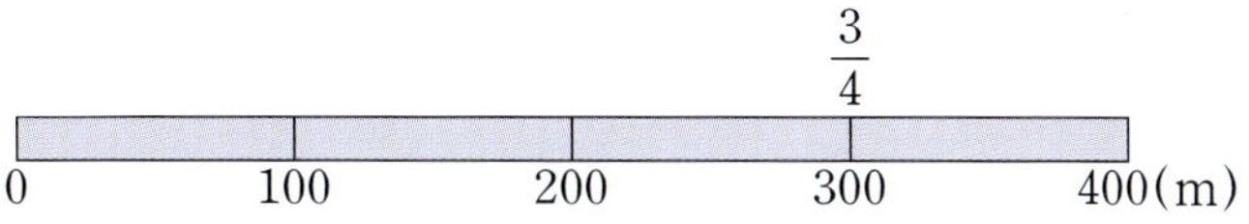

400을 똑같이 4로 나누면 그중 하나는 100이에요. 즉 400의 $\frac{1}{4}$은 100이라는 뜻이죠.

$\frac{3}{4}$은 $\frac{1}{4}$이 3인 수이므로 100이 3인 수는 300이 됩니다.

▶ 정답 : 300m

문제 해결의 포인트 ■의 $\frac{▲}{●}$ ➡ ■÷●×▲

비슷한 문제

1 은아네 학교 운동장의 둘레가 400m이고, 은아는 운동장을 $1\frac{1}{4}$바퀴 돌았다면, 총 걸은 거리는 몇 m입니까?

(　　　　　　　)

2 지선이와 혜민이는 고추를 수확했습니다. 혜민이는 지선이가 수확한 고추의 $\frac{7}{8}$ 만큼을 수확했다고 합니다. 지선이가 수확한 고추가 240개일 때, 혜민이가 수확한 고추는 모두 몇 개입니까?

(　　　　　　　)

3 수연이는 하루종일 우유 840mL를 마셨습니다. 여정이는 수연이의 $\frac{1}{4}$을 마셨다고 합니다. 여정이가 마신 우유의 양은 몇 mL입니까?

(　　　　　　　)

부분의 양으로 전체의 양 알기

윤지와 준하는 운동장을 몇 바퀴 걸었습니다. 정보 1 윤지는 15km를 걸었습니다. 정보 2 이 거리는 준하가 걸은 거리의 $\frac{1}{3}$입니다. 준하가 걸은 거리는 몇 km입니까? (구해야 하는 것)

구해야 하는 것 ▶ 준하가 몇 km를 걸었는지 구해야 해요.

필요한 정보 골라내기 ▶ ① 윤지가 걸은 거리는 15km이고, 이 거리는 ② 준하가 걸은 거리의 $\frac{1}{3}$만큼 걸은 거리라고 해요.

모르는 수, 즉 준하가 걸은 거리를 □라고 해 보세요.

문제 해결 방법 찾기와 답 구하기 ▶ □의 $\frac{1}{3}$이 15라는 뜻이죠?

이렇게 간단하게 써 놓으면 한결 쉽게 느껴질 거예요.

이번에는 그림으로 그려 볼까요?

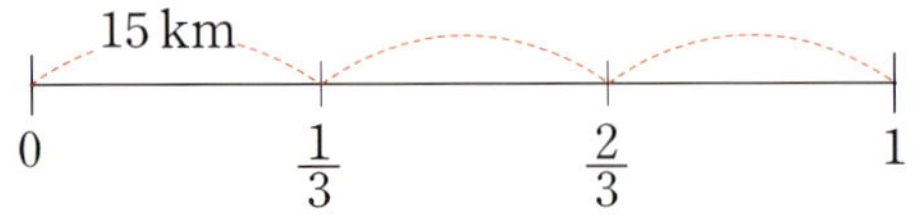

그림에서 보면 준하가 걸은 거리는 15km의 3배가 되네요.

그럼 준하가 걸은 거리는 $15 \times 3 = 45$(km)랍니다.

▶ 정답 : 45km

문제 해결의 포인트 전체의 $\frac{1}{★}$의 값이 ▲이면 전체는 ★ × ▲로 구한다.

비슷한 문제

1 재현이는 가지고 있는 색 테이프의 $\frac{1}{5}$을 사용하였습니다. 재현이가 사용한 색 테이프의 길이가 6cm라면, 처음에 가지고 있던 색 테이프의 길이는 몇 cm입니까?

(　　　　　　)

2 혜원이는 가지고 있는 구슬의 $\frac{2}{7}$를 진희에게 주었습니다. 진희에게 준 구슬이 8개라면, 혜원이가 처음에 가지고 있던 구슬은 몇 개입니까?

(　　　　　　)

가분수를 대분수로 또는 대분수를 가분수로 나타내기

지영이와 성민이는 생일이 같습니다. 각자 생일파티를 하고 남은 음료수를 세어 보았습니다. 정보 1 지영이는 콜라 2병과 $\frac{3}{7}$병이 남았고, 정보 2 성민이는 사이다 $\frac{3}{5}$병 2개가 남았습니다. 남은 음료수의 양을 각각 대분수로 나타내시오. (구해야 하는 것)

구해야 하는 것 ▶ 지영이와 성민이의 남은 음료수의 양을 대분수로 나타내야 해요.

필요한 정보 골라내기 ▶ 남은 음료수가 ① 지영이는 콜라 2병과 $\frac{3}{7}$병이고, ② 성민이는 사이다 $\frac{3}{5}$병 2개입니다.

답 구하기 ▶ 대분수는 자연수와 진분수를 붙여서 쓰면 되므로 지영이에게 남은 콜라는 $2\frac{3}{7}$병이에요.

$\frac{3}{5}$이 2이면 $\frac{3+3}{5}$으로 $\frac{6}{5}$인데 대분수로 나타내야 하므로 성민이는 $1\frac{1}{5}$병이 된답니다.

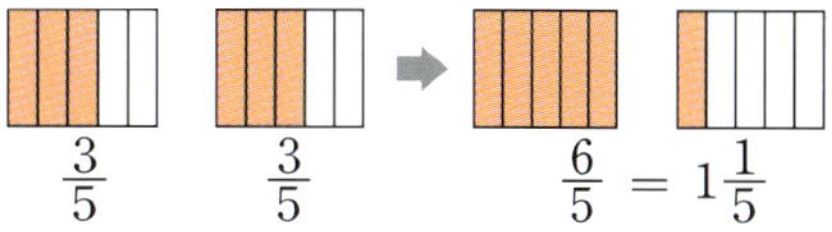

▶ 정답 : 지영 $2\frac{3}{7}$병, 성민 $1\frac{1}{5}$병

문제 해결의 포인트

가분수 ➡ 대분수 : $\frac{6}{5} \rightarrow \frac{5}{5}+\frac{1}{5}=1+\frac{1}{5}=1\frac{1}{5}$

대분수 ➡ 가분수 : $1\frac{1}{5} \rightarrow \frac{1\times5+1}{5}=\frac{6}{5}$

비슷한 문제

1 문서네 반에서는 단팥빵을 만들려고 밀가루 반죽 $6\frac{4}{5}$kg을 준비했습니다. 빵 1개를 만드는 데 밀가루 반죽이 $\frac{2}{5}$kg씩 든다고 할 때, 문서네 반에서 준비한 밀가루 반죽으로는 빵을 모두 몇 개 만들 수 있습니까?

(　　　　　　　)

2 어떤 가분수의 분자는 분모의 3배보다 2크며, 분자와 분모의 차는 12이라고 합니다. 이 가분수를 대분수로 나타내시오.

(　　　　　　　)

분수 2

분수만큼 뛰어세기를 할 수 있고, 분자가 1이거나 분모가 같은 분수의 크기를 비교할 수 있다.

유형 17 분수 2 분수 뛰어세기

3-1, 4-1

새끼 공룡은 한 걸음에 $\frac{3}{4}$m씩 걷습니다. 새끼 공룡은 첫 걸음을 걷고 풀을 뜯어 먹고, 두 번째 걸음을 걷고 과일을 먹고, 세 번째 걸음을 걷고 물을 마셨습니다. 새끼 공룡이 물을 마신 곳은 시작부터 몇 m 지점입니까? (시작 지점을 0으로 생각합니다.)

정보 1: 한 걸음에 $\frac{3}{4}$m씩 걷습니다
정보 2: 세 번째 걸음을 걷고 물을 마셨습니다
구해야 하는 것: 물을 마신 곳은 시작부터 몇 m 지점

구해야 하는 것 ▶ 새끼 공룡이 물을 마신 곳이 시작부터 몇 m 지점인지 구해야 해요.

필요한 정보 골라내기 ▶ ❶ 새끼 공룡은 한 걸음에 $\frac{3}{4}$m씩 걷고, ❷ 물을 마신 곳은 시작부터 세 걸음을 걸었을 때예요.

문제 해결 방법 찾기 ▶ 시작 지점이 0이고, 세 걸음을 걸었으니 0부터 $\frac{3}{4}$씩 3번 뛰어 세요.

답 구하기 ▶ 0에서 한 걸음을 걸으면 $\frac{3}{4}$m 지점, $\frac{3}{4}$m에서 한 걸음 더 걸으면 $\frac{3}{4}+\frac{3}{4}=\frac{6}{4}$(m) 지점, $\frac{6}{4}$m에서 한 걸음 더 걸으면 $\frac{6}{4}+\frac{3}{4}=\frac{9}{4}$(m) 지점이에요.

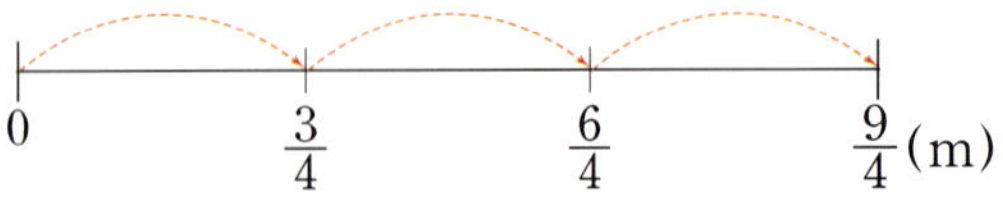

0부터 $\frac{3}{4}$씩 뛰어 세어 보세요.

0 — $\frac{3}{4}$ — $\frac{6}{4}$ — $\frac{9}{4}$

답을 쓸 때에는 $\frac{9}{4}$를 대분수로 바꾸어 $2\frac{1}{4}$m로 나타내요.

▶ 정답 : $2\frac{1}{4}$m

문제 해결의 포인트 분수를 뛰어 셀 때에는 분모는 그대로 두고, 분자를 뛰어 센다.

$\frac{1}{4}$부터 $\frac{1}{4}$씩 뛰어세기 ➡ $\frac{1}{4}-\frac{2}{4}-\frac{3}{4}-\frac{4}{4}-\cdots$

비슷한 문제

1 사골 국물을 끓이고 있습니다. 국물이 졸지 않게 하기 위해서 10분에 $\frac{2}{3}$L씩 물을 부어줘야 합니다. 40분 동안 부은 물은 모두 몇 L입니까?

(　　　　　　　　)

유형 18 분수 2 분자가 1인 분수의 크기 비교

지선, 보람, 현수는 귤을 나누어 먹었습니다. [정보 1] 지선이는 전체의 $\frac{1}{5}$, [정보 2] 보람이는 전체의 $\frac{1}{4}$, [정보 3] 현수는 전체의 $\frac{1}{10}$을 먹었습니다. 귤을 가장 적게 먹은 사람은 누구입니까? (구해야 하는 것)

구해야 하는 것 ▶ 귤을 가장 적게 먹은 사람이 누구인지 알아야 해요.

필요한 정보 골라내기 ▶ ① 지선이는 전체의 $\frac{1}{5}$, ② 보람이는 전체의 $\frac{1}{4}$, ③ 현수는 전체의 $\frac{1}{10}$을 먹었어요.

문제 해결 방법 찾기 ▶ 분수의 크기를 비교해서 가장 작은 수가 나온 사람이 가장 적게 먹은 사람이에요.

크기를 비교해야 할 분수 $\frac{1}{5}$, $\frac{1}{4}$, $\frac{1}{10}$의 분자가 모두 1이네요.

분자가 1인 분수는 분모의 크기만 비교해서 알 수 있어요.

$\frac{1}{5}$은 전체를 5로 나눈 것 중의 1이고, $\frac{1}{4}$은 전체를 4로 나눈 것 중의 1이잖아요.

답 구하기 ▶ 전체를 더 많은 수로 나눌수록 그중 하나는 작아져요.

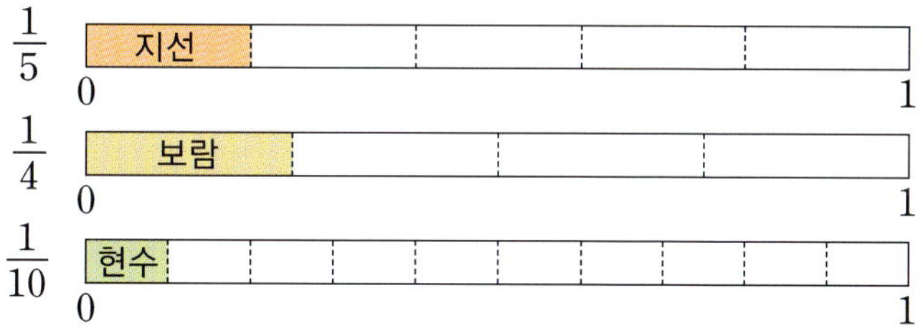

그림에서도 알 수 있듯이 가장 작은 수는 $\frac{1}{10}$이에요.

▶ 정답 : 현수

문제 해결의 포인트 분자가 같으면 분모끼리의 크기를 비교한다. 이때 분모의 크기가 작을수록 큰 수이다.

비슷한 문제

1 소연이와 미연이는 애플파이를 하나씩 가지고 있습니다. 소연이는 8조각으로 나눈 것 중의 하나를, 미연이는 6조각으로 나눈 것 중의 하나를 먹었습니다. 누가 더 많이 먹었습니까?

(　　　　　　　)

2 지희네 집에서 학교까지의 거리는 $\frac{1}{9}$km, 경찰서까지의 거리는 $\frac{5}{9}$km, 소방서까지의 거리는 $\frac{1}{12}$km입니다. 지희네 집에서 가장 가까운 곳은 어디입니까?

(　　　　　　　)

유형 19 분수 2 분모가 같은 분수의 크기 비교

보성은 날이 따뜻하고 땅이 비옥하여 차 나무가 자라기 좋은 곳으로 녹차가 유명합니다. 정보 1 일중이는 녹차 밭 전체의 $\frac{4}{7}$에서 녹차 잎을 따고, 정보 2 수련이는 밭 전체의 $\frac{5}{7}$에서 녹차 잎을 땄습니다. 일중이와 수련이 중에서 누가 더 넓은 밭에서 녹차 잎을 땄습니까? (구해야 하는 것)

구해야 하는 것 ▶ 일중이와 수련이 중에서 누가 더 넓은 밭에서 녹차 잎을 땄는지 알려고 해요.

필요한 정보 골라내기 ▶ ① 일중이는 녹차 밭 전체의 $\frac{4}{7}$에서, ② 수련이는 녹차 밭 전체의 $\frac{5}{7}$에서 땄어요.

문제 해결 방법 찾기와 답 구하기 ▶ $\frac{4}{7}$와 $\frac{5}{7}$의 크기를 비교합니다. 더 큰 수가 더 넓은 땅을 말해요.

$\frac{4}{7}$와 $\frac{5}{7}$의 분모가 7로 같네요. 분모가 같은 분수는 분자의 크기만으로 그 크기를 비교할 수 있답니다.

전체를 똑같이 7로 나눈 것 중 몇인지를 비교하는 것이니까요.

$4<5$이므로 $\frac{4}{7}<\frac{5}{7}$예요.

▶ 정답 : 수련

문제 해결의 포인트 분모가 같으면 분자끼리의 크기를 비교한다. 이때 분자가 클수록 큰 수이다.

비슷한 문제

1 채소밭의 $\frac{4}{9}$에 배추를 심고, 남은 부분에 무를 심었습니다. 배추와 무 중 어느 것을 심은 부분이 더 넓습니까?

(　　　　　　)

2 어느 식당에서는 하루 동안 식용유 $\frac{25}{7}$L와 간장 $3\frac{1}{7}$L를 사용하였습니다. 식용유와 간장 중에서 어느 것을 더 많이 사용하였습니까?

(　　　　　　)

분수의 크기 비교의 활용

지원이는 피자를 똑같이 몇 개로 나누어 그중 하나를 먹었습니다. 지원이가 먹은 피자의 양은 $\frac{1}{5}$보다 작고, $\frac{1}{7}$보다 크다고 합니다. 지원이가 먹은 피자의 양을 분자가 1인 분수로 나타내시오.

(정보 1: $\frac{1}{5}$보다 작고, 정보 2: $\frac{1}{7}$보다 크다고 합니다. / 구해야 하는 것: 지원이가 먹은 피자의 양을 분자가 1인 분수로 나타내시오.)

구해야 하는 것 ▸ 지원이가 먹은 피자의 양을 분수로 나타내야 해요. 분자가 1인 분수로 말이에요.

필요한 정보 골라내기 ▸ 지원이가 먹은 피자의 양은 ❶ $\frac{1}{5}$보다 작대요. 또 ❷ $\frac{1}{7}$보다는 크다고 해요.

문제 해결 방법 찾기와 답 구하기 ▸ 이제 이 정보를 보기 쉽게 나타내어 볼까요?

지원이가 먹은 피자의 양을 모르니까 $\frac{1}{\square}$로 하면,

$\frac{1}{5}$보다 작으니까 $\frac{1}{\square}<\frac{1}{5}$,

$\frac{1}{7}$보다 크니까 $\frac{1}{\square}>\frac{1}{7}$

이것을 한꺼번에 쓰면 $\frac{1}{7}<\frac{1}{\square}<\frac{1}{5}$이 돼요.

분자가 1인 분수 중 $\frac{1}{\square}$가 될 수 있는 수는 무엇이 있을까요?

$\frac{1}{\square}$도 $\frac{1}{7}$, $\frac{1}{5}$과 같이 모두 분자가 1인 분수예요. 분자가 1인 분수는 분모의 크기로 그 크기를 비교할 수 있어요.

$\square$는 7보다 작고, 5보다 큰 수이어야 하므로 $\frac{1}{6}$이에요.

▸ 정답 : $\frac{1}{6}$

문제 해결의 포인트 모르는 수를 □로 두고, 식을 세우면 한눈에 보기 쉽다.

비슷한 문제

1 찬호가 마신 주스의 양은 $\frac{3}{8}$L보다 많고, $\frac{7}{8}$L보다 적다고 합니다. 찬호가 마신 주스의 양은 분자가 홀수인 분수입니다. 분수로 나타내시오.

( )

2 엄마가 연주와 세호에게 똑같은 빵을 사 주셨습니다. 연주는 빵 전체의 $\frac{1}{4}$을 먹고, 세호는 연주보다는 많이 먹었습니다. 세호가 먹은 빵의 양을 분수로 나타내면 분자가 1인 분수로 나타낼 수 있다고 할 때, 나타낼 수 있는 분수를 모두 쓰시오.

( )

소수 1

소수 사이의 관계를 이해하고 조건에 맞는 소수를 만들 수 있다.

유형 21 소수 1 소수 두 자리 수, 소수 세 자리 수 4-1

수정이와 친구 몇 명은 오래달리기 대회에 출전하였습니다. 수정이는 지금까지 524m(정보 1)를 달려왔습니다. 수정이가 지금까지 달려온 거리를 km 단위로 나타내시오. (구해야 하는 것)

구해야 하는 것 ▶ 수정이가 달려온 거리를 km 단위로 나타내야 해요.

필요한 정보 골라내기 ▶ 수정이가 달려온 거리가 524m(1)라고 해요.

문제 해결 방법 찾기와 답 구하기 ▶ 524m를 km 단위로 바꾸면 어떻게 될까요?

1km는 1000m입니다. 그래서 1m를 km로 나타내면 $\frac{1}{1000}$km, 즉 0.001km가 돼요.

524m는 0.001km가 524인 수가 됩니다. 이렇게 단위에 따라서 수가 달라져요.

▶ 정답 : 0.524km

문제 해결의 포인트

- m 단위를 km 단위로 바꾸기 : $\frac{1}{1000}$이 되는 수를 구한다. 예 30m ➡ 0.03km
- km 단위를 m 단위로 바꾸기 : 1000배가 되는 수를 구한다. 예 2km ➡ 2000m

비슷한 문제

1 지선이는 구슬 맞히기 게임에서 100번을 시도해서 그중 33번을 성공했습니다. 성공한 양을 소수로 나타내시오.

( )

2 현수네 집에서 지하철역까지의 거리는 3km 28m입니다. 현수네 집에서 지하철역까지는 몇 km입니까?

( )

유형 22 소수 사이의 관계

준수가 키우는 강아지의 무게는 4.317kg이고, 준수의 몸무게는 강아지 무게의 10배라고 합니다. 준수의 몸무게는 몇 kg입니까?

구해야 하는 것 ▸ 준수의 몸무게는 몇 kg인지 구하려고 해요.

필요한 정보 골라내기 ▸ ① 강아지의 무게는 4.317kg이라고 해요. ② 준수의 몸무게는 이 무게의 10배고요.

문제 해결 방법 찾기 ▸ 4.317의 10배가 되는 수를 구해 볼까요?
자연수 3의 10배를 구할 때 어떻게 하나요. 3에 0을 1개 붙였어요.
소수의 경우는 소수점의 위치를 이동하여 쉽게 구할 수 있어요.
10배는 소수점을 오른쪽으로 한 자리 이동하세요.

답 구하기 ▸ 4.317 → 43.17

▸ 정답 : 43.17kg

문제 해결의 포인트

- 어떤 수를 10배, 100배, 1000배 할 때에는 소수점을 오른쪽으로 한 자리, 두 자리, 세 자리 이동한다.
- 어떤 수의 $\frac{1}{10}$, $\frac{1}{100}$, $\frac{1}{1000}$을 할 때에는 소수점을 왼쪽으로 한 자리, 두 자리, 세 자리 이동한다.

비슷한 문제

1 지성이는 단축마라톤 연습을 위해 2.16km를 걸었습니다. 단축마라톤의 거리는 오늘 걸은 거리의 10배라고 합니다. 단축마라톤의 거리는 몇 m입니까?

( )

2 미화는 색 테이프를 24.57m 가지고 있습니다. 경태는 미화가 가지고 있는 색 테이프의 $\frac{1}{100}$을 가지고 있습니다. 경태가 가지고 있는 색 테이프의 길이는 몇 m입니까?

( )

3 윤아는 칠판에 적힌 어떤 소수의 첫째 자리와 소수 둘째 자리 숫자를 잘못하여 바꾼 수를 $\frac{1}{10}$을 하여 읽었더니 삼점 영오구이였습니다. 칠판에 적힌 소수의 $\frac{1}{100}$인 수를 소수로 나타내시오.

( )

숫자 카드로 소수 만들기

정보 1 / 정보 2

1, 0, 7, 9 의 숫자 카드가 있습니다. 이 숫자 카드를 한 번씩만 사용하여 가장 큰 소수 세 자리 수를 만들어 보시오.

구해야 하는 것

구해야 하는 것 ▶ 가장 큰 소수 세 자리 수를 만들어야 해요.

필요한 정보 골라내기 ▶ ①숫자 카드는 1, 0, 7, 9 가 있어요. 이 숫자 카드를 ②한 번씩만 사용해야 하고요.

문제 해결 방법 찾기 ▶ 소수의 크기를 비교하는 방법을 활용하여 문제를 해결하세요.

소수의 크기를 비교할 때 자연수 부분을 비교한 다음 같으면 소수 부분을 비교해요. 소수 부분은 소수 첫째 자리, 둘째 자리, 셋째 자리의 순서로 비교하죠. 이 문제도 크기를 비교하는 순서대로 큰 수를 만들어 가면 돼요.

숫자를 4개로 만든 소수 세 자리 수는 자연수 부분 한 자리, 소수 부분 세 자리로 이루어져요.

그렇다면 자연수 부분이 가장 큰 수가 들어가고, 다음으로 소수 첫째 자리, 둘째 자리, 셋째 자리의 순서로 큰 수가 들어가면 가장 큰 소수 세 자리 수를 만들 수 있어요.

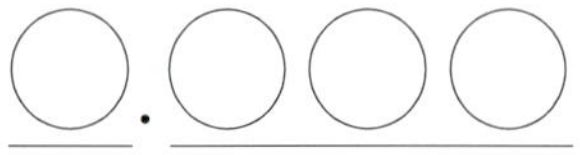

답 구하기 ▶ 숫자 카드는 9, 7, 1, 0 의 순서로 크므로 9.710 이라는 수로 만들 수 있어요. 여기서 소수 셋째 자리에 있는, 즉 소수에서 가장 끝에 있는 0은 생략하여 9.71로 써도 돼요. 하지만 이 문제는 소수 세 자리 수로 나타내라고 했으므로 9.710이라고 씁니다.

▶ 정답 : 9.710

문제 해결의 포인트

소수의 크기를 비교하는 순서대로 큰 수나 작은 수를 만들어 간다.

비슷한 문제

1 2, 1, 4 의 숫자 카드가 있습니다. 이 숫자 카드를 한 번씩만 사용하여 둘째로 큰 소수 두 자리 수를 만들어 보시오.

( )

2 0, 1, 4, 5, 8, 9 의 숫자 카드가 있습니다. 이중 숫자 3개만 골라 가장 작은 소수 두 자리 수를 만들어 보시오.

( )

조건에 맞는 소수 만들기

조건에 해당하는 소수를 읽어 보시오.
구해야 하는 것

㉠ 45보다 크고 46보다 작은 수입니다.
㉡ 소수점 오른쪽에 자릿수가 3개입니다.
㉢ 소수점 오른쪽에 0이 2개 있으나 지울 수 없습니다.
㉣ 소수점 오른쪽에 있는 숫자 중 하나는 9입니다.

구해야 하는 것 ▶ 조건에 해당하는 소수를 구한 다음, 읽어 보는 문제예요.

문제 해결 방법 찾기 ▶ 네 가지 조건을 꼼꼼이 하나씩 읽어가면서 정답을 찾아요.

답 구하기 ▶ ㉠ 우리가 지금 구하려고 하는 수가 45보다 크고 46보다 작으므로 구하려는 소수는 45.□□… 과 같은 모양이 될 거예요.

㉡ 소수점 오른쪽에 자릿수가 3개라고 했으므로 45.□□□의 꼴이에요.

㉢ 소수점 오른쪽에 0을 지울 수 없다면 0의 위치가 가장 끝은 아니에요. 가장 끝에 있는 0만 지울 수 있어요. 그래서 구하려는 소수가 45.00□인 것까지 알게 되었어요.

㉣ 마지막에 답이 나왔네요. 소수 오른쪽의 숫자 중 하나가 9이니까 45.009가 되었어요. 이 소수를 읽어 보세요.

▶ 정답 : 사십오점 영영구

문제 해결의 포인트 빈칸으로 소수의 자릿수를 정해준 후, 조건에 맞추어 빈칸을 채워 나간다.

비슷한 문제

1 조건에 해당하는 소수를 써 보시오.

㉠ 소수 세 자리 수입니다.
㉡ 같은 값의 소수 한 자리 수로 만들 수 있습니다.
㉢ 27보다 크고 28보다 작은 수입니다.
㉣ 각 자리의 숫자를 더하면 10입니다.

( )

2 90과 가장 가까운 소수 두 자리 수를 모두 쓰시오.

( )

소수 2

소수만큼 뛰어세기를 할 수 있고, 다양한 형태의 소수의 크기를 비교할 수 있다.

유형 25 소수 2 소수 뛰어세기 3-2, 4-1

어느 자 벌레는 (정보 1) 몸 길이가 0.7cm입니다. 몸을 한 번 움츠렸다가 앞으로 나가면 (정보 2) 몸 길이만큼 이동하게 된다고 합니다. 이 자 벌레가 실제로 (정보 3) 자의 5cm 지점에서부터 시작해서 4번 움츠렸다가 앞으로 나갔다면, 자의 몇 cm 지점에 도착했겠습니까? (구해야 하는 것)

구해야 하는 것 ▶ 자 벌레가 현재 몇 cm 지점에 있는지 구해야 해요.

필요한 정보 골라내기 ▶ ① 자 벌레의 몸길이는 0.7cm이고, ② 한 번 움츠렸다가 앞으로 나가는 거리도 0.7cm랍니다.
③ 자 벌레는 자의 5cm 지점에서부터 4번 움츠렸다가 앞으로 나갔어요.

문제 해결 방법 찾기 ▶ 5cm에서부터 0.7cm씩 4번 앞으로 나아간 후의 지점을 찾아야 해요.
5에서 0.7씩 4번 뛰어 센 수를 구해 봅시다.

답 구하기 ▶ 5 − 5.7 − 6.4 − 7.1 − 7.8
(+0.7 +0.7 +0.7 +0.7)

▶ 정답 : 7.8cm

문제 해결의 포인트 뛰어 세는 자리의 수를 뛰어 세는 수만큼씩 더한다.

- 0.7부터 0.1씩 뛰어세기 : 0.7 − 0.8 − 0.9 − 1.0 − ⋯ (+0.1 +0.1 +0.1)
- 1.243부터 0.01씩 뛰어세기 : 1.243 − 1.253 − 1.263 − 1.273 − ⋯ (+0.01 +0.01 +0.01)

비슷한 문제

1 지환이는 멀리뛰기 실력이 탁월합니다. 멀리서부터 달려와서 시작 지점부터 세 걸음을 연달아 뛰어 도착 지점까지 왔습니다. 보폭이 1.8m로 일정했습니다. 도착 지점은 시작 지점으로부터 몇 m 거리에 있습니까?

(   )

소수의 크기 비교(1)

정보 1 / 정보 2

색 테이프를 한세는 1.1m 가지고 있고, 지나는 0.1m의 8배를 가지고 있습니다. 누가 가지고 있는 색 테이프가 더 깁니까?

구해야 하는 것

구해야 하는 것 ▶ 한세와 지나 중 누가 가진 색 테이프가 더 긴지 알아야 해요.

필요한 정보 골라내기 ▶ ① 한세가 가진 색 테이프는 1.1m이고, ② 지나는 0.1m의 8배를 가지고 있어요.

문제 해결 방법 찾기 ▶ 지나의 색 테이프 길이를 구해 볼까요? 0.1의 8배는 0.8이므로 지나는 0.8m의 색 테이프를 가지고 있어요.

두 사람이 가지고 있는 색 테이프의 길이의 단위를 확인해 보고 길이를 비교해야 해요.

단위가 m로 같으므로 수만 비교하면 된답니다.

1.1과 0.8을 비교해 봅시다.

소수의 크기를 비교할 때는 자연수 부분을 먼저 비교하고 같으면 소수 부분을 첫째 자리부터 차례로 비교합니다.

답 구하기 ▶ (한세) $1.1 > 0.8$ (지나)

$1 > 0$

▶ 정답 : 한세

문제 해결의 포인트 단위가 주어진 두 수의 크기를 비교할 때에는 단위를 통일한 후 숫자를 비교한다.

- 3.6m와 3600cm의 크기 비교
  ① m 단위로 통일한 후 크기 비교 : 3.6m < 36m
  ② cm 단위로 통일한 후 크기 비교 : 360cm < 3600cm

비슷한 문제

1 미술 시간에 철사를 규현이는 51mm 사용하였고, 정미는 5.3cm 사용하였습니다. 누가 철사를 더 적게 사용하였습니까?

(　　　　　　　　)

2 성민이네 꽃밭 전체의 $\frac{3}{10}$에는 채송화를 심고, 0.2에는 봉숭아를 심었으며, 나머지 부분에는 맨드라미를 심었습니다. 넓은 곳에 심은 꽃부터 차례로 이름을 쓰시오.

(　　　　　　　　　　　　)

유형 27 소수 2 소수의 크기 비교(2)

3-2, 4-1

정보 1

자연수 부분이 3인 소수 중 3.842보다 큰 소수 두 자리 수는 몇 개입니까?

구해야 하는 것

구해야 하는 것 ▶ 3.842보다 큰 소수 두 자리 수는 몇 개인지 구해야 해요.

필요한 정보 골라내기 ▶ 1 자연수 부분이 3인 소수 중에서 찾아야 하네요.

문제 해결 방법 찾기 ▶ 자연수 부분이 3이면 3.□ …의 모양인 소수가 되겠죠. 이 소수는 3.842보다 커야 하고, 소수 두 자리 수여야 합니다. 그래서 구하는 소수는 3.□□인 모양이 된답니다.

답 구하기 ▶ 3.842의 범위를 소수 두 자리 수로 생각해 볼게요.

$3.84 < 3.842 < 3.85$

자연수 부분이 3인 소수 두 자리 수 중 가장 큰 수는 3.99예요.

따라서 3.842보다 큰 소수 두 자리 수는 3.85부터 3.99까지의 수가 돼요.

개수를 세어 보면 모두 15개예요.

▶ 정답 : 15개

문제 해결의 포인트 소수의 크기를 비교할 때에는 자연수 부분을 가장 먼저 비교한다.

비슷한 문제

1 자연수 부분이 4인 소수 중 4.034보다 작은 소수 두 자리 수를 모두 쓰시오.

( )

2 1.024보다 크고, 3.024보다 작은 소수 한 자리 수는 모두 몇 개입니까? (소수점 아래 지울 수 있는 0은 지웁니다.)

( )

3 200.42보다 크고, 201.541보다 작은 소수 두 자리 수는 모두 몇 개입니까? (소수점 아래 지울 수 있는 0은 지웁니다.)

( )

수의 범위와 어림

수의 범위를 나타내는 용어를 이해하고, 수의 어림하기를 이용하여 실생활 문제를 해결할 수 있다.

유형 28 수의 범위와 어림 이상과 이하

4-2

운재는 학교 씨름단에 속해 있습니다. 운재와 친구들의 몸무게가 오른쪽과 같을 때, 운재와 몸무게가 같거나 무거운 사람(구해야 하는 것)은 누구입니까?

정보 1 학생들의 몸무게

이름	몸무게(kg)
운재	70.1
민수	59.4
종성	70.7
영진	66.8
형빈	48.1
준호	75

구해야 하는 것 ▶ 운재와 몸무게가 같거나 무거운 사람이 누구인지 찾아봅시다.

필요한 정보 골라내기 ▶ 필요한 정보는 모두 ❶오른쪽 표에 나와 있어요.

문제 해결 방법 찾기 ▶ 우선 기준이 되는 운재의 몸무게부터 정확히 보세요. 70.1kg입니다.
70.1과 같거나 더 큰 수를 찾아봅니다.

답 구하기 ▶ 70.1과 같은 수는 없고, 더 큰 수는 70.7, 75로 두 개 있네요. 그럼 이 몸무게에 해당하는 친구들의 이름을 확인하면 되겠죠?

▶ 정답 : 종성, 준호

문제 해결의 포인트 기준이 되는 자료에 표시를 해두는 것도 좋은 방법이다.

비슷한 문제

1 위의 표에서 운재와 몸무게가 같거나 가벼운 사람은 누구인지 모두 쓰시오.

( )

2 25 이상 30 이하인 자연수는 모두 몇 개입니까?

( )

유형 29 수의 범위와 어림 — 초과와 미만

민주네 학교에서 운동 선수를 모집하고 있습니다. 농구팀에 들어가려면 키가 175cm보다 커야 합니다.[정보 1] 민주와 친구들의 키가 오른쪽과 같을 때, 농구팀에 들어갈 수 있는 친구를 모두 쓰시오.(구해야 하는 것)

[정보 2] 학생들의 키

이름	키(cm)
민주	175.7
종희	160
은지	175
연서	164.2
윤지	176.3
승현	181.2

구해야 하는 것 ▶ 농구팀에 들어갈 수 있는 사람을 찾는 문제예요.

필요한 정보 골라내기 ▶ ❶ 농구팀에 들어갈 수 있는 조건은 키가 175cm보다 커야 한다는 거예요.
학생들의 키도 ❷ 표로 나와 있어요.

문제 해결 방법 찾기 ▶ 문제에서 학생들의 키를 나타낸 표를 보세요. 175보다 큰 수를 찾아요. 175와 같으면 안되고 175보다 커야 하는 것에 주의하세요.

답 구하기 ▶ 175.7, 176.3, 181.2가 있네요. 그럼 이에 해당하는 친구의 이름을 확인하면 되겠지요?

▶ 정답 : 민주, 윤지, 승현

문제 해결의 포인트 175 초과는 175보다 큰 수, 175 미만은 175보다 작은 수이다.

비슷한 문제

1 위 표에서 키가 160cm 초과 170cm 미만인 학생은 모두 몇 명입니까?

(　　　　　　)

2 유도팀에 들어가려면 키가 175cm보다 작아야 합니다. 위 표에서 유도팀에 들어갈 수 있는 친구를 모두 쓰시오.

(　　　　　　)

3 10에서 20까지의 자연수 중에서 16 초과인 수를 모두 쓰시오.

(　　　　　　)

수현이는 어제 TV에서 민속씨름대회를 하는 것을 보았습니다. 그런데 어떤 선수는 한라장사, 어떤 선수는 백두장사라고 합니다. 몸무게가 105kg인 사람은 어느 체급에 속하겠습니까?

구해야 하는 것

정보 1 민속씨름의 몸무게별 체급

몸무게(kg)	체급
90 이하	금강급
90 초과 105 이하	한라급
105 초과	백두급

구해야 하는 것 ▶ 몸무게가 105kg인 사람이 어느 체급에 속하는지 알아볼까요?

필요한 정보 골라내기 ▶ 민속씨름에서 체급을 나눈 방법이 (1)표에 정리되어 있어요.

문제 해결 방법 찾기 ▶ 이상과 이하는 기준인 수를 포함하고, 초과와 미만은 포함하지 않아요.

답 구하기 ▶ 105 이하는 105를 포함하고, 105 초과는 105를 포함하지 않겠죠?
따라서 105kg은 한라급에 속해요.

▶ 정답 : 한라급

문제 해결의 포인트 이상, 이하로 기준이 포함되는지, 초과, 미만으로 기준이 포함되지 않는지 먼저 확인한다.

비슷한 문제

1 위 표에서 각 몸무게에 해당하는 체급이 어디인지 찾아 쓰시오.

(1) 102.9kg ( )

(2) 88kg ( )

(3) 90.1kg ( )

2 주호네 반 어린이들이 윗몸일으키기를 했습니다. 각 어린이가 몇 점을 받았는지 쓰시오.

윗몸일으키기 횟수별 점수

횟수(회)	점수(점)
19 이하	20
20 이상 28 이하	30
29 이상 35 이하	40
36 이상	50

(1) 이천승 : 23번 ( )

(2) 김미래 : 30번 ( )

(3) 이현정 : 29번 ( )

정보1 정보2 정보3

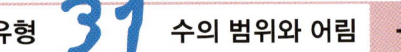

지영이네 반 학생 수는 38명입니다. 학생 한 명에게 공책을 한 권씩 나누어 주려고 합니다. 공책이 10권씩 한 묶음으로 묶여 있습니다. 모든 학생에게 공책을 나누어 주려면 몇 묶음이 있어야 합니까?

구해야 하는 것

구해야 하는 것 ▶ 모든 학생에게 공책을 나누어 주려면 공책이 몇 묶음이 있어야 하는지 구해야 해요.

필요한 정보 골라내기 ▶ ② 학생 한 명에게 공책 몇 권을 나누어 주죠? 한 권이에요.
① 학생 수는 38명이고요. ③ 공책은 한 묶음에 10권이랍니다.

문제 해결 방법 찾기와 답 구하기 ▶ 38명의 학생에게 공책을 한 권씩 나누어 주려면 공책은 38권이 필요하겠네요.
공책이 3묶음이면 30권이에요. 그러면 38권보다 모자라서 한 묶음이 더 있어야 해요.
4묶음이면 40권이라서 38권을 나누어 주고도 남아요. 하지만 3묶음만 있다면 30권이기 때문에 8명은 못 주잖아요. 따라서 모든 학생에게 나누어 주려면 4묶음이 있어야 해요.

▶ 정답 : 4묶음

문제 해결의 포인트 10권씩 한 묶음이라면 몇십으로 나타내는 것이다. 여기서는 1권이 필요해도 한 묶음이 더 필요한 상황이므로 묶음의 수인 십의 자리로 올려준다.

비슷한 문제

1 재성이네 반 학생 수는 44명입니다. 학생 한 명에게 피자를 한 조각씩 주려고 합니다. 피자가 한 판에 10조각씩 들어 있다면, 모두 몇 판을 사야 합니까?

( )

2 사탕 62개가 있습니다. 이 사탕을 10개씩 한 봉지에 넣었습니다. 사탕을 모두 넣으려면, 필요한 봉지는 모두 몇 개입니까?

( )

3 준오네 학교 전교생 580명이 한 번에 24명씩 탈 수 있는 바이킹을 타려고 합니다. 준오네 학교 전교생이 바이킹을 타기 위해서는 바이킹을 모두 몇 번 이용해야 합니까?

( )

정보 1

수환이는 24190원을 모았습니다. 이 돈을 100원짜리 동전으로 바꾸면 얼마까지 바꿀 수 있습니까?

구해야 하는 것

구해야 하는 것 ▶ 100원짜리 동전으로 얼마까지 바꿀 수 있는지를 구해야 해요.

필요한 정보 골라내기 ▶ 수환이가 지금 가지고 있는 돈은 24190원이래요.

문제 해결 방법 찾기 ▶ 100원짜리로는 100 − 200 − 300 − …과 같이 100 단위로 셀 수 있어요. 그럼 수환이가 가진 돈을 몇백으로 나타내야 해요.

답 구하기 ▶ 24190을 버림하여 몇백으로 나타내려면 백의 자리 아래의 수를 모두 버려야 해요. 그래서 24100이 됩니다.

24190이 24100이 되는 과정을 버림을 이용해 표현하면 다음과 같이 두 가지로 말할 수 있어요.

① 24190을 버림하여 백의 자리까지 나타내었다.

② 24190을 십의 자리에서 버림하였다.

▶ 정답 : 24100원

문제 해결의 포인트 얼마의 돈을 □원짜리로 바꿀 수 있는 최대한의 금액을 알려면 버려서 □의 자리까지 나타낸다. 여기서 90원은 100원짜리로 바꿀 수 없으므로 버림을 한다.

비슷한 문제

1 태민이는 24190원을 1000원짜리 지폐로 바꾸려고 합니다. 최대한 바꾸고 남은 돈은 얼마입니까?

( )

2 민경이는 84120원을 10000원짜리 지폐로 바꾸려고 합니다. 최대한 바꾸고 남은 돈은 얼마입니까?

( )

3 재영이는 100원짜리 동전을 340개 모았습니다. 이 돈을 1000원짜리 지폐로 바꾸면 몇 장까지 바꿀 수 있습니까?

( )

반올림

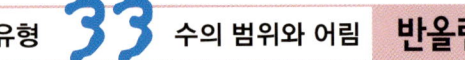

정민이네 마을의 인구는 5411명입니다. 이 마을의 인구는 약 몇백 명인지 반올림하여 나타내시오.

정보 1 / 구해야 하는 것

구해야 하는 것 ▶ 인구가 약 몇백 명인지를 반올림해야 해요.

필요한 정보 골라내기 ▶ 마을의 인구가 모두 5411명입니다. 네 자리 수네요.

문제 해결 방법 찾기 ▶ 몇백 명이라고 나타내려면 백의 자리까지만 숫자가 있어야 합니다. 즉 십의 자리에서 반올림을 해서 백의 자리까지 나타내야 한다는 뜻이에요.

답 구하기 ▶ 5 4 1 1 → 5 4 0 0 (1 1 버린다.)

십의 자리의 숫자가 5보다 작은 수이므로 십의 자리와 일의 자리의 숫자를 모두 버려 주세요.

▶ 정답 : 약 5400명

문제 해결의 포인트 반올림하여 □의 자리까지 나타내는 것은 □의 자리보다 한 자리 아래에서 반올림하는 것과 같다. 즉 반올림하여 백의 자리까지 나타내려면 십의 자리에서 반올림한다.

비슷한 문제

1 위 문제에서 정민이네 마을의 인구가 약 몇 천명인지 반올림하여 나타내시오.

(　　　　　　)

2 위 문제에서 정민이네 마을의 인구를 약 몇백 명으로 나타내었을때와 약 몇천 명으로 나타내었을 때 중 어떻게 나타내었을 때 어림수가 더 큽니까?

(　　　　　　)

3 소진이네 집에서 영식이네 집까지의 거리는 5427m입니다. 이 거리를 반올림하여 약 몇 km로 나타내시오.

(　　　　　　)

어림의 활용

정보 1 / 정보 2

혜연이네 학교 4학년 학생 278명이 박물관 견학을 가려고 합니다. 버스 한 대에 30명씩 타려고 합니다. 버스는 적어도 몇 대가 있어야 합니까?

구해야 하는 것

구해야 하는 것 ▶ 박물관 견학을 갈 때 버스가 적어도 몇 대 필요한지 구하려고 해요.

필요한 정보 골라내기 ▶ 버스에 탈 학생은 ① 278명이고, ② 버스 한 대에는 30명씩 타려고 해요.

문제 해결 방법 찾기 ▶ 적어도 몇 대가 있어야 하냐고 했으므로 버스에 30명씩 태워 보세요.
278에 30이 몇 번이나 들어가는지 알아봅니다. 그리고 남는 사람도 버스에 타야 하므로 남는 수가 있으면 1대를 더해요.

답 구하기 ▶ $278 \div 30 = 9 \cdots 8$

30명씩 가득찬 버스 수 (9) / 남은 사람 수 (8)

30명씩 9대에 타고 8명이 남네요.
남은 사람도 버스에 타야 하므로 버스는 총 10대가 필요해요.

▶ 정답 : 10대

문제 해결의 포인트

적어도 몇 대가 필요하냐는 것은 최소한 몇 대가 필요하냐는 것과 같다.
이 문제에서는 버스의 정원을 모두 태워 나가야 최소한의 대수가 나온다.
단, 마지막에 1명이 남더라도 버스는 한 대가 더 필요하다.

비슷한 문제

1 위 문제에서 혜연이네 학교 학생이 버스 한 대에 50명씩 탄다면, 버스는 적어도 몇 대가 있어야 합니까?

( )

2 지영이는 과수원에서 앵두를 350개나 땄습니다. 이 앵두를 예쁜 봉투에 넣어 20개씩 포장하려고 합니다. 앵두를 모두 포장하려면, 봉투는 적어도 몇 봉지가 필요합니까?

( )

3 아울 양계장에서는 오늘 하루 달걀을 4823개 생산했다고 합니다. 이 달걀을 한 판에 30개씩 담아서 판매를 하려고 합니다. 판매할 수 있는 달걀은 모두 몇 판입니까?

( )

수

플러스 확인 문제

1 빨간색 구슬이 100개씩 30상자 있고, 파란색 구슬이 1000개씩 몇 상자가 있습니다. 구슬이 모두 7000개라면, 파란색 구슬은 몇 상자 있습니까?

( )

2 정환이는 저금통에 1000원짜리 지폐 6장, 100원짜리 동전 28개, 10원짜리 동전 34개를 모았습니다. 이것을 모두 1000원짜리 지폐로 최대한 바꾸면 몇 장까지 바꿀 수 있습니까?

( )

3 민주는 지금까지 은행에 52만 원을 저금해 두었습니다. 매달 2만 원씩 저금한다면 지금부터 1년 후에는 저금한 돈이 모두 얼마가 되겠습니까?

( )

4 어느 회사의 올해 매출액이 천이백오십칠억 육천만 원이라고 합니다. 해마다 매출액이 2백억 원씩 증가한다면 5년 후에는 매출액이 얼마가 됩니까?

( )

5 3978보다 크고 4227보다 작은 수 중에서 백의 자리 숫자와 십의 자리 숫자가 같은 수는 모두 몇 개입니까?

( )

6 2월 현재 상은이의 통장에 2679원이 있습니다. 3월부터 6월까지는 한 달에 1000원씩 저금하고, 7월부터 12월까지는 매달 500원씩 저금하기로 하였습니다. 상은이가 저금한 돈이 8500원이 넘는 달은 몇 월부터입니까?

( )

7 다음 조건을 만족하는 네 자리 수를 구하시오.

> ㉠ 2000보다 크고 3000보다 작습니다.
> ㉡ 일의 자리 숫자는 백의 자리의 숫자의 2배입니다.
> ㉢ 천의 자리 숫자와 십의 자리 숫자의 합은 일의 자리 숫자와 같습니다.
> ㉣ 각 자리의 숫자의 합은 20입니다.

(　　　　　　　　)

8 민정이는 1000원짜리 4장, 100원짜리 27개, 10원짜리 21개를 가지고 있고, 유선이는 1000원짜리 5장, 100원짜리 몇 개, 10원짜리 31개를 가지고 있습니다. 유선이가 민정이보다 1300원을 더 많이 가지고 있다고 할 때, 유선이가 가지고 있는 100원짜리 동전은 몇 개입니까?

(　　　　　　　　)

9 수현이네 반 전체 학생 수는 32명입니다. 그중의 $\frac{1}{2}$은 남학생이고, 남학생의 $\frac{1}{4}$은 안경을 썼습니다. 수현이네 반에서 안경을 쓰지 않은 남학생은 몇 명입니까?

(　　　　　　　　)

10 상민이네 밭에서 수확한 옥수수의 $\frac{1}{4}$은 이모 댁에 드리고, 나머지의 $\frac{2}{3}$는 할머니 댁에 드렸습니다. 할머니 댁에 드린 옥수수는 이모 댁에 드린 옥수수의 몇 배입니까?

(　　　　　　　　)

11 세훈이네 반 학생 30명이 운동장에서 운동을 하고 있습니다. 훌라후프를 하는 학생이 18명이고, 나머지의 반이 줄넘기를 한다면, 훌라후프와 줄넘기를 하지 않는 학생은 전체의 몇 분의 몇입니까?

(　　　　　　　　)

12 한 상자에 120개가 들어 있는 귤을 샀습니다. 귤 전체의 $\frac{1}{12}$이 썩어서 버리고, 나머지의 $\frac{3}{10}$을 먹었습니다. 남은 귤은 모두 몇 개입니까?

(　　　　　　　　)

13 어떤 가분수의 분자를 분모 9로 나누었더니 몫이 4이고, 나머지가 있었습니다. 이를 만족하는 가분수를 모두 쓰시오.

(   )

14 정민이는 물 한 병의 $\frac{2}{9}$를 마셨고, 오빠는 정민이가 마신 물의 2배를 마셨습니다. 남은 물은 언니가 모두 마셨다면, 언니와 정민이 중 누가 물을 더 많이 마셨습니까?

(   )

15 한 변의 길이가 16mm인 정사각형의 네 변의 길이의 합은 몇 cm인지 소수로 나타내시오.

(   )

16 어떤 수의 $\frac{1}{10}$인 수보다 0.03 큰 수는 6.82입니다. 어떤 수는 얼마입니까?

(   )

17 다음은 어제 서울, 대전, 대구, 부산에 내린 비의 양을 조사한 것입니다. 비가 가장 많이 내린 곳과 가장 적게 내린 곳은 각각 어디입니까?

서울	대전	대구	부산
3.1cm	27mm	2cm 9mm	33mm

(   )

18 어느 지역의 택시 요금은 2km 미만이면 2300원, 2km이면 2500원, 2km 초과부터 2km 요금에 250m 마다 200원씩 추가된다고 합니다. 택시를 타고 3.75km를 갔을 때, 택시 요금은 얼마를 내야 합니까?

(   )

19 감기약 시럽의 나이별 복용량을 나타낸 것입니다. 4살짜리 동생, 11살인 나, 13살인 형이 시럽을 하루에 3번씩 이틀 동안 먹는다면, 필요한 시럽의 양은 모두 몇 cc입니까?

(   )

나이별 감기약 복용량

나이	1회 복용량(cc)
3세 미만	4
3세 이상 8세 미만	8
8세 이상 13세 미만	10
13세 이상	12

20 어느 목욕탕에서 7세 미만 어린이와 65세 이상 노인에게는 목욕비를 받지 않습니다. 목욕비를 내야 하는 사람은 모두 몇 명입니까?

할아버지 : 67세, 아버지 : 42세, 어머니 : 39세, 나 : 11세, 내 동생 : 6세

(   )

21 반올림하여 십의 자리까지 나타내었을 때 80이 되는 자연수의 범위를 나타내시오.

(   )

22 포장용 끈은 1m 단위로만 팝니다. 선물 상자를 포장하는 데 끈이 740cm 필요하다면, 선물 상자를 포장하기 위해서는 끈을 몇 m 사야 합니까?

(   )

23 제동이네 과수원에서 수확한 사과는 427kg입니다. 이 사과를 15kg씩 상자에 넣어서 판매하려고 합니다. 사과를 몇 상자 팔 수 있습니까?

(   )

24 진하네 과수원에서 자두 6257개를 땄습니다. 이 자두를 한 상자에 100개씩 넣어 포장을 하고, 한 상자에 20000원씩 받고 모두 팔았습니다. 자두를 판 값은 얼마입니까?

(   )

연산

start!

"수를 알고 문제를 이해하면
계산 문제도 척척"

들어가기 직전

간단한 질문에 답해 보자.

- 6과 5의 합은?

  답 ______

- $\frac{1}{5}+\frac{1}{5}$은?

  답 ______

- 1.54보다 1 작은 수는?

  답 ______

- 1cm보다 2cm 더 길면 몇 cm?

  답 ______

- 2시에서 1시간 후의 시각은?

  답 ______

- 물통 1L가 1kg일 때 3L의 무게는?

  답 ______

- 정사각형의 네 변의 길이는 같을까? 다를까?

  답 ______

- 한 변의 길이가 1cm인 정사각형의 넓이는?

  답 ______

- 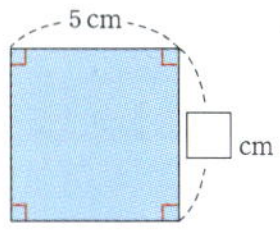

  왼쪽 도형이 정사각형일 때, □ 안에 들어갈 수는?

  답 ______

- (1+2)×4와 1+2×4의 값은 같을까?

  답 ______

답 : 11, $\frac{2}{5}$, 0.54, 3cm, 3시, 3kg, 같다, $1cm^2$, 5, 다르다

자연수의 덧셈과 뺄셈

세 자리 수와 네 자리 수의 덧셈과 뺄셈을 할 수 있고, 어떤 수를 구하거나 조건에 맞는 수를 구할 수 있다.

35 세 자리 수, 네 자리 수의 덧셈
36 세 자리 수, 네 자리 수의 뺄셈
37 세 수의 덧셈 38 세 수의 뺄셈
39 세 수의 덧셈과 뺄셈
40 어떤 수 구하기, 잘못한 계산 바르게 하기
41 어떤 수와의 관계를 이용하여 모르는 두 수의 차 구하기
42 숫자 카드를 이용하여 조건에 맞는 수로 계산하기

유형 35 자연수의 덧셈과 뺄셈 세 자리 수, 네 자리 수의 덧셈 3-1, 3-2

공원 한 바퀴의 둘레는 756m입니다.(정보 1) 지원이는 공원 둘레를 걸어서 두 바퀴 돌았습니다.(정보 2) 지원이가 걸은 거리는 모두 몇 m입니까?(구해야 하는 것)

구해야 하는 것 ▶ 지원이가 걸은 거리는 모두 몇 m인지 구하려고 해요.

필요한 정보 골라내기 ▶ 공원 한 바퀴의 둘레는 756m이고, 지원이는 공원 둘레를 두 바퀴 돌았대요.

문제 해결 방법 찾기 ▶ 공원 한 바퀴를 돌면 756m만큼 걸은 것이고, 두 바퀴를 돌면 공원의 둘레의 2배를 걸은 거예요.

답 구하기 ▶ 지원이가 걸은 거리는 공원의 둘레를 두 바퀴 돈 거리이므로 공원의 둘레의 2번 더해 주어야 해요. 이때 계산 과정에서 각 자리의 숫자끼리의 합이 10이 넘으니까 윗자리로 1을 올려주는 것에 주의해서 계산해요.

$756+756=1512(\text{m})$

$$\begin{array}{r} {\scriptstyle 1\ 1\ \ } \\ 7\ 5\ 6 \\ +\ \ 7\ 5\ 6 \\ \hline 1\ 5\ 1\ 2 \end{array}$$

따라서 지원이가 걸은 거리는 모두 1512m가 돼요.

같은 수를 더하는 것은 곱셈으로 $756 \times 2=1512$로 구해도 되지요.

여기는 같은 수를 두 번만 더해서 곱셈이 그렇게 간편하게 느껴지지는 않을 거예요. 하지만 지원이가 운동장을 32바퀴 돌았다고 생각해 보세요. 756×32의 식이 훨씬 간편하겠죠?

▶ 정답 : 1512m

문제 해결의 포인트 각 자리의 합이 10보다 크거나 같으면 바로 윗자리로 받아올림하여 계산한다.

비슷한 문제

1 한별이는 줄넘기를 1835번 넘었고, 유진이는 한별이보다 467번 더 넘었습니다. 두 사람은 줄넘기를 모두 몇 번 넘었습니까?

( )

정보 1 / 정보 2

미래네 목장에서 오늘 오전에 짠 우유는 854L이고, 오후에 짠 우유는 255L입니다. 오전에 짠 우유는 오후에 짠 우유보다 얼마만큼 더 많습니까?

구해야 하는 것

구해야 하는 것 ▶ 오전에 짠 우유가 오후에 짠 우유보다 얼마나 더 많은지 구하려고 해요.

필요한 정보 골라내기 ▶ ①오전에 짠 우유의 양은 854L, ②오후에 짠 우유의 양은 255L네요.

문제 해결 방법 찾기 ▶ 어느 것이 얼마나 더 많은지 알려면 뺄셈을 이용해야 해요.

오전과 오후의 우유 양의 차이를 알아보려면 두 우유의 양을 빼 주면 돼요.

여기서 두 수의 뺄셈은 받아내림이 있는 뺄셈이니까 세로셈으로 고쳐서 받아내림에 주의해서 계산해 주면 편리해요.

답 구하기 ▶ 이것을 식으로 나타내어 구하면

(오전에 짠 우유의 양)－(오후에 짠 우유의 양)

＝854－255＝599(L)

따라서 오전에 짠 우유는 오후에 짠 우유보다 599L 더 많아요.

$$\begin{array}{r} \scriptstyle 7\ \ 14\ \ 10 \\ \not8\ \ \not5\ \ 4 \\ -\ 2\ \ 5\ \ 5 \\ \hline 5\ \ 9\ \ 9 \end{array}$$

▶ 정답 : 599L

문제 해결의 포인트 같은 자리끼리 뺄 수 없으면 바로 윗자리에서 받아내림하여 계산한다.

비슷한 문제

1 준혁이는 어제와 오늘 오이를 603개 땄습니다. 그중에서 275개는 오늘 땄습니다. 어제 딴 오이는 몇 개입니까?

( )

2 아울마트에는 신선한 야채가 있습니다. 그중에 무공해로 재배한 오이가 389개 있고, 토실토실 예쁜 호박이 524개 있습니다. 아울마트에 있는 호박은 오이보다 몇 개 더 많습니까?

( )

3 진호네 집에서는 닭을 2342마리 키우고 있습니다. 이중 1475마리를 시장에 내다 팔았습니다. 남은 닭은 몇 마리입니까?

( )

정보 1 / 정보 2 / 정보 3

은주네 학교 도서관에는 동화책이 4357권, 위인전이 2468권, 과학책이 1876권 있습니다. 은주네 학교 도서관에 있는 동화책과 위인전, 과학책은 모두 몇 권입니까?

구해야 하는 것

구해야 하는 것 ▶ 동화책, 위인전, 과학책은 모두 몇 권인지 구하려고 해요.

필요한 정보 골라내기 ▶ 문제에서 보니까 ①동화책이 4357권, ②위인전이 2468권, ③과학책이 1876권 있다는 것을 알 수 있어요.

문제 해결 방법 찾기 ▶ 책을 모두 모은 수를 구하려면 덧셈을 이용해야 해요. 덧셈만 있는 식은 계산하는 순서에 관계없이 결과가 항상 같아요.

답 구하기 ▶ 문제에 맞게 세 수의 계산식을 세워 답을 구해 봐요.

(동화책의 수)+(위인전의 수)+(과학책의 수)

=4357+2468+1876=6825+1876=8701(권)

(① 4357+2468, ② 그 결과+1876)

```
   1 2 2
   4 3 5 7
   2 4 6 8
+  1 8 7 6
-----------
   8 7 0 1
```

이와 같이 세 수를 더할 때는 앞에서부터 차례로 두 수를 더한 다음 마지막 한 수를 더하는 게 편리해요. 또한 세 수를 세로로 한꺼번에 써서 구해도 된답니다.

▶ 정답 : 8701권

문제 해결의 포인트

4357+2468+1876 (① 4357+2468, ② +1876)

4357+2468+1876 (① 2468+1876, ② 4357+)

4357+2468+1876 (① 2468+1876, ② 4357+)

→ 덧셈만 있는 식은 계산 순서를 달리해도 결과는 같다.

비슷한 문제

1 유진이는 인물 우표를 167장 모았습니다. 식물 우표는 인물 우표보다 285장 더 많이 모았고, 동물 우표는 식물 우표보다 169장 더 많이 모았습니다. 유진이가 모은 동물 우표는 몇 장입니까?

(　　　　　　)

2 형빈이네 과수원에는 밤나무가 2638그루, 잣나무가 1576그루, 감나무가 3796그루 있습니다. 형빈이네 과수원에는 나무가 모두 몇 그루 있습니까?

(　　　　　　)

세 수의 뺄셈

경란이 어머니께서는 시장에서 한 개에 1750원 하는 배 한 개와 한 개에 980원 하는 사과 한 개를 사고, 7000원을 내셨습니다. 거스름돈으로 얼마를 받아야 합니까?

정보 1 / 정보 2 / 정보 3 / 구해야 하는 것

구해야 하는 것 ▶ 거스름돈으로 얼마나 받아야 하는지 구하려고 해요.

필요한 정보 골라내기 ▶ ①배는 1750원이고, ②사과는 980원이라고 해요. ③경란이 어머니께서 낸 돈은 7000원이고요.

문제 해결 방법 찾기 ▶ 거스름돈은 (낸 돈)−(산 물건의 가격)으로 계산합니다.

답 구하기 ▶ 낸 돈에서 배와 사과를 샀으니 그 값을 각각 빼 볼까요?

낸 돈에서 배의 가격을 먼저 빼 봅니다.

7000−1750=5250(원)

남은 돈에서 사과의 가격을 더 빼 보세요.

5250−980=4270(원)

위의 두 식을 한꺼번에 쓰면 7000−1750−980=4270(원)과 같이 된답니다.

또 이렇게도 생각해 보세요.

배와 사과를 산 돈은 1750+980=2730(원)이니까 남은 돈은

7000−(1750+980)=4270(원)으로 구할 수도 있지요.

이 방법은 낸 돈에서 배와 사과의 가격을 합한 금액을 빼는 방법이랍니다.

▶ 정답 : 4270원

문제 해결의 포인트 처음에 있던 돈에서 산 물건값을 차례로 빼 주거나, 산 물건의 값을 모두 더한 다음, 그 값을 처음에 있던 돈에서 빼 주면 거스름돈을 구할 수 있다.

비슷한 문제

1 세영이는 구슬을 541개 가지고 있습니다. 이중에서 158개를 동생에게 주었고, 296개를 언니에게 주었습니다. 세영이에게 남은 구슬은 몇 개입니까?

( )

2 민지는 어머니께 용돈을 7500원 받았습니다. 이중에서 학용품을 사는 데 3480원을 쓰고 군것질을 하는 데 2740원을 썼습니다. 남은 용돈은 얼마입니까?

( )

세 수의 덧셈과 뺄셈

정보 1 / 정보 2 / 정보 3

기차에 3456명이 타고 있습니다. 이번 역에서 1568명이 내리고, 1897명이 탔습니다. 현재 기차에 타고 있는 사람은 몇 명입니까?

구해야 하는 것

구해야 하는 것 ▶ 현재 기차에 타고 있는 사람은 몇 명인지 구하려고 해요.

필요한 정보 골라내기 ▶ 기차에 타고 있던 사람은 3456명, 이번 역에서 내린 사람은 1568명, 탄 사람은 1897명이에요.

문제 해결 방법 찾기 ▶ 내린 사람만큼 기차 안의 사람 수가 줄었으므로 뺄셈으로, 탄 사람만큼 기차 안의 사람 수가 늘어났으므로 덧셈으로 계산해야 해요.

답 구하기 ▶ 문제에 제시된 순서에 맞게 계산식을 세우면 현재 기차에 있는 사람의 수는

(처음 기차에 타고 있던 사람 수) − (내린 사람 수) + (탄 사람 수)로 알 수 있어요.

3456 − 1568 + 1897 = 1888 + 1897 = 3785(명)

① (3456 − 1568), ② (1888 + 1897)

1888: ①의 계산 결과예요. 3785: ②의 계산 결과예요.

▶ 정답 : 3785명

문제 해결의 포인트 시간의 흐름에 따라 덧셈과 뺄셈이 섞여 있는 식을 세운다. 그리고 앞에서부터 차례로 계산한다.

비슷한 문제

1 현정이네 꽃가게에서 오늘 장미는 1683송이 팔았고, 카네이션은 장미보다 974송이 더 적게 팔았습니다. 오늘 판 장미와 카네이션은 모두 몇 송이입니까?

(　　　　　　)

2 수경이와 수진이의 동전지갑에는 각각 2330원이 들어 있었습니다. 수진이는 자신의 동전지갑에 들어 있던 돈을 모두 수경이의 지갑에 넣었습니다. 잠시 후, 과자를 사먹겠다며 560원을 꺼내어 갔습니다. 지금 수경이의 동전지갑에 들어 있는 돈은 얼마입니까?

(　　　　　　)

3 축구 경기장에 어제는 3824명, 오늘은 2578명이 입장하였습니다. 그중에서 여자가 1897명일 때, 남자는 몇 명입니까?

(　　　　　　)

어떤 수 구하기, 잘못한 계산 바르게 하기 3-1, 3-2

효진이는 좋아하는 세 자리 수를 하나 생각하였습니다.[정보 1] 이 수에 수민이가 좋아하는 수 493을 더해야 할 것을 잘못하여 뺐더니 351이 되었습니다.[정보 2] 효진이가 좋아하는 세 자리 수를 구하시오.(구해야 하는 것)

구해야 하는 것 ▶ 효진이가 좋아하는 세 자리 수를 구하려고 해요.

필요한 정보 골라내기 ▶ [1] 효진이가 좋아하는 세 자리 수에 [2] 수민이가 좋아하는 수 493을 더해야 할 것을 잘못하여 뺐더니 351이 되었다고 해요.

문제 해결 방법 찾기 ▶ 여기서 '더해야 할 것을 잘못하여 뺐다'는 것은 결국 덧셈을 했다는 의미일까요? 아니면 뺄셈을 했다는 의미일까요?

그래서 '더해야 할 것을 잘못하여 뺐다'라는 말은 '뺐다. 하지만 원래는 더해야 한다'라는 말과 같아요.

효진이가 좋아하는 세 자리 수를 □라고 놓고, 잘못 계산한 식을 세워 봅시다.

답 구하기 ▶ □−493=351,

이제 덧셈과 뺄셈의 관계를 이용하여 □를 구하면, □=351+493=844가 된답니다.

▶ 정답 : 844

문제 해결의 포인트

말	잘못한 계산	바르게 계산하기
더해야 할 것을 잘못하여 뺐다	뺐다.	더하기
더해야 할 것을 잘못하여 뺐을 때, 잘못한 계산을 바로 하면		뺀 후 더하기
빼야 할 것을 잘못하여 더했다	더했다.	빼기
빼야 할 것을 잘못하여 더했을 때, 잘못한 계산을 바로 하면		더한 후 빼기

비슷한 문제

1 어떤 수에서 258을 빼어야 할 것을 잘못하여 더하였더니 872가 되었습니다. 어떤 수를 구하시오.

( )

2 어떤 수에 174를 더해야 할 것을 잘못하여 빼었더니 758이 되었습니다. 바르게 계산하면 얼마입니까?

( )

어떤 수와의 관계를 이용하여 모르는 두 수의 차 구하기 3-1, 3-2

정보 1 어떤 수는 세 자리 수입니다. 정보 2 어떤 수보다 368 작은 수를 ㉠이라 하고, 정보 3 어떤 수보다 195 큰 수를 ㉡이라 할 때, ㉡은 ㉠보다 얼마나 더 큽니까?

구해야 하는 것

구해야 하는 것 ▶ ㉡은 ㉠보다 얼마나 더 큰지 구하려고 해요.

필요한 정보 골라내기 ▶ 1 어떤 수는 세 자리 수이고요. 2 어떤 수보다 368 작은 수는 ㉠, 3 어떤 수보다 195 큰 수는 ㉡이에요.

문제 해결 방법 찾기 ▶ 어떤 수가 몇이냐에 따라서 ㉠과 ㉡의 값이 달라지겠죠? 그리고 어떤 수를 정확히 구할 수는 없기 때문에 ㉠과 ㉡의 값은 구할 수 없어요. 그래서 어떤 수를 구하지 않고도 ㉠과 ㉡의 차를 구해 볼 방법을 생각해 봐야 해요.

답 구하기 ▶ 어떤 수를 기준으로 하여 어떤 수에서 368만큼 작은 수 ㉠은 어떤 수를 기준으로 왼쪽으로 368 떨어진 수예요. 어떤 수보다 195 큰 수 ㉡은 어떤 수를 기준으로 오른쪽으로 195만큼 떨어진 수라고 표현할 수 있어요.

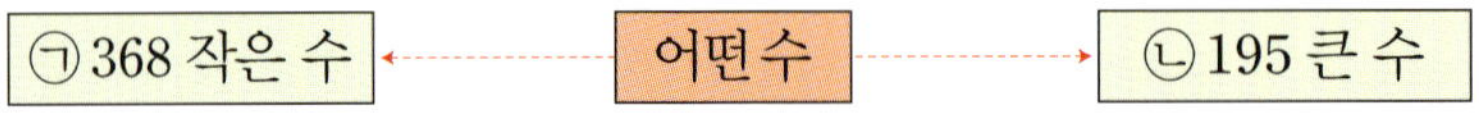

어떤 수를 기준으로 일정한 거리만큼 떨어져 있는 ㉠과 ㉡의 차를 구하는 것은 ㉠에서 ㉡까지의 거리를 구하는 것과 같아요. 수직선을 생각하면 쉬워요.

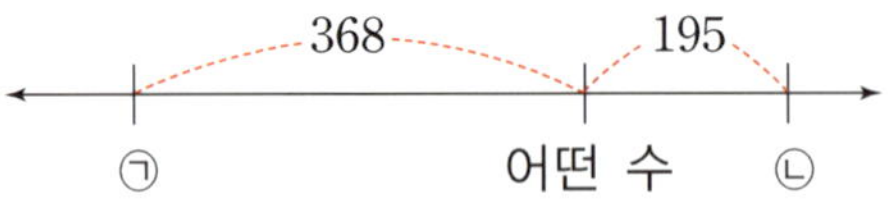

따라서 ㉡은 ㉠보다 368+195=563 더 큰 수가 되는 거예요.

▶ 정답 : 563

문제 해결의 포인트 기준이 되는 어떤 수를 가운데 두고, 크고 작은 수를 그림으로 나타내어 본다.

비슷한 문제

1 어떤 수는 네 자리 수입니다. 어떤 수보다 2847 작은 수를 ㉠이라 하고, 어떤 수보다 2356 큰 수를 ㉡이라 할 때, ㉡은 ㉠보다 얼마나 더 큽니까?

(　　　　　　)

2 빨간색 테이프는 파란색 테이프보다 1m 40cm 짧고, 노란색 테이프는 파란색 테이프보다 1m 70cm 더 깁니다. 노란색 테이프는 빨간색 테이프보다 몇 m 몇 cm 더 깁니까?

(　　　　　　)

숫자 카드 이용하여 조건에 맞는 수로 계산하기 3-1, 3-2

정보 1 숫자 카드를 한 번씩 사용하여 정보 2 세 자리 수를 만들 때,

가장 큰 수와 가장 작은 수의 합을 구하시오. (구해야 하는 것)

정보 3 7 3 0 5 9

구해야 하는 것 ▶ 숫자 카드로 만든 가장 큰 수와 가장 작은 수의 합을 구하려고 해요.

필요한 정보 골라내기 ▶ 1 숫자 카드를 한 번씩만 사용해야 하고, 2 세 자리 수를 만들어야 해요.

3 주어진 숫자 카드는 7, 3, 0, 5, 9 예요.

문제 해결 방법 찾기 ▶ 세 자리 수를 만들려면 맨 앞자리인 백의 자리에 0을 넣으면 안 돼요. 가장 큰 수는 가장 큰 숫자부터 백의 자리에 놓고, 가장 작은 수는 가장 작은 숫자부터 백의 자리에 놓아요.

그리고, 여기서 구한 두 수의 합을 구해요.

답 구하기 ▶ 5개의 숫자 카드를 가지고 조건에 맞는 수를 구하면 가장 큰 수는 975, 가장 작은 수는 305이므로 두 수의 합은 975+305=1280입니다.

▶ 정답 : 1280

문제 해결의 포인트 숫자 카드를 이용하여 가장 큰 수를 구할 때에는 백의 자리에 가장 큰 숫자부터 놓고, 가장 작은 수를 구할 때에는 백의 자리에 0이 아닌 가장 작은 숫자부터 놓는다.

비슷한 문제

1 4장의 숫자 카드 6, 4, 0, 9 를 한 번씩만 사용하여 만들 수 있는 네 자리 수 중 가장 큰 수와 가장 작은 수의 차를 구하시오.

(　　　　　　)

2 6장의 숫자 카드를 한 번씩만 사용하여 가장 큰 세 자리 수를 만들고, 다시 6장의 숫자 카드를 한 번씩만 사용하여 둘째로 큰 세 자리 수를 만들었습니다. 두 수의 합을 구하시오.

1 7 4 9 3 5

(　　　　　　)

분수의 덧셈과 뺄셈

분모가 같은 분수의 덧셈과 뺄셈 문제를 해결할 수 있다.

유형 43 분수의 덧셈과 뺄셈 | 분모가 같은 분수의 덧셈 4-2

어떤 일을 하는데 1시간에 [정보 1] 원준이는 전체 일의 $\frac{1}{15}$을 하고, [정보 2] 호영이는 전체 일의 $\frac{2}{15}$를 한다고 합니다. [정보 3] 원준이와 호영이가 함께 3시간 동안 일을 한다면, 한 일의 양은 전체의 얼마입니까? (구해야 하는 것)

구해야 하는 것 ▶ 원준이와 호영이가 한 일의 양이 전체의 얼마인지를 구해야 해요.

필요한 정보 골라내기 ▶ 어떤 일을 할 때 ① 1시간에 원준이는 전체 일의 $\frac{1}{15}$을 하고, ② 호영이는 전체 일의 $\frac{2}{15}$를 한다고 해요. 또 ③ 두 사람이 3시간 동안 일을 했어요.

문제 해결 방법 찾기 ▶ 원준이와 호영이가 한 시간 동안 하는 일의 양의 3배를 구하거나, 원준이와 호영이가 각각 3시간 동안 얼마만큼의 일을 했는지 구한 후 이를 더해도 돼요.

답 구하기 ▶ 두 사람이 1시간 동안 일하는 양은 전체의 $\frac{1}{15}+\frac{2}{15}=\frac{3}{15}$이니까 3시간 동안 일하는 양은 전체의 $\frac{3}{15}+\frac{3}{15}+\frac{3}{15}=\frac{3+3+3}{15}=\frac{9}{15}$예요.

또 원준이가 3시간 동안 일하는 양은 전체의 $\frac{1}{15}+\frac{1}{15}+\frac{1}{15}=\frac{3}{15}$이 되고, 호영이가 3시간 동안 일하는 양은 전체의 $\frac{2}{15}+\frac{2}{15}+\frac{2}{15}=\frac{6}{15}$입니다. 이 두 사람이 한 일의 양을 더해 주면 $\frac{3}{15}+\frac{6}{15}=\frac{9}{15}$와 같이 구할 수 있답니다.

▶ 정답 : $\frac{9}{15}$

문제 해결의 포인트 분모가 같은 분수의 덧셈은 분모는 그대로 써 주고 분자끼리 더해 주는데 답이 가분수가 되면 대분수로 꼭 고쳐준다.

비슷한 문제

1 현주는 수학 숙제를 하는 데 $\frac{7}{12}$시간, 과학 숙제를 하는 데 $\frac{9}{12}$시간이 걸렸습니다. 현주가 수학과 과학 숙제를 하는 데 걸린 시간은 모두 몇 시간입니까?

( )

2 민지와 수영이는 똑같은 동화책을 읽고 있습니다. 민지는 동화책의 $\frac{3}{10}$씩 3일 동안 읽었고, 수영이는 동화책의 $\frac{2}{10}$씩 4일 동안 읽었습니다. 읽어야 할 양이 더 많이 남은 사람은 누구입니까?

( )

민주네 반 학생들이 과학 실험을 하고 있습니다. 민주네 모둠 학생들은 알코올 2L 중에서 $\frac{7}{11}$L를 사용하였습니다. 민주네 모둠에 남은 알코올은 몇 L입니까?

정보 1 정보 2 구해야 하는 것

구해야 하는 것 ▶ 민주네 모둠에 남은 알코올의 양을 구하려고 해요.

필요한 정보 골라내기 ▶ ① 처음에는 알코올이 2L가 있었고 ② 그중에서 $\frac{7}{11}$L를 사용했어요.

문제 해결 방법 찾기 ▶ 처음에 있던 양에서 사용한 양을 빼면 남은 양이 나와요. 그런데 자연수 2에서 분수 $\frac{7}{11}$을 바로 빼는 건 쉽지 않죠? 그래서 자연수를 분수로 만든 후 뺄셈을 하는 과정이 필요하답니다.

답 구하기 ▶ 자연수 2를 분모가 11인 분수꼴로 바꾸면 $1\frac{11}{11}$로 바꿀 수 있어요.
같은 분수꼴이니 계산하기는 훨씬 쉬워지겠죠?
남은 알코올의 양을 구하면
전체 알코올의 양에서 사용한 알코올의 양을 빼주면 되니까
$2-\frac{7}{11}=1\frac{11}{11}-\frac{7}{11}=1\frac{4}{11}$(L)가 돼요.

▶ 정답 : $1\frac{4}{11}$L

문제 해결의 포인트 자연수에서 분수를 뺄 때는 자연수를 빼는 분수의 분모와 같은 분수로 만들어 준 다음, 분수의 뺄셈을 한다.

비슷한 문제

1 수민이는 국어 공부를 $1\frac{5}{7}$시간, 영어 공부를 3시간, 수학 공부를 $2\frac{3}{7}$시간 하였습니다. 영어 공부를 한 시간은 수학 공부를 한 시간보다 몇 시간 더 많습니까?

( )

2 현식이는 파란색 테이프 2m와 노란색 테이프 $\frac{8}{9}$m를 가지고 있습니다. 파란색 테이프는 노란색 테이프보다 몇 m 더 많이 가지고 있습니까?

( )

3 병에 간장이 5L 들어 있습니다. 이중 $2\frac{1}{5}$L를 사용했다면, 남은 간장은 몇 L입니까?

( )

분모가 같은 분수의 뺄셈

수희가 가지고 있는 구슬의 무게의 합은 $7\frac{7}{8}$g이고, 구슬의 무게는 모두 같습니다. 이중에서 2개를 빼고, 무게를 재었더니 $5\frac{5}{8}$g이 되었습니다. 수희가 가지고 있던 구슬은 모두 몇 개입니까?

(정보 1: 구슬의 무게의 합은 $7\frac{7}{8}$g이고 / 정보 2: 구슬의 무게는 모두 같습니다 / 정보 3: 2개를 빼고, 무게를 재었더니 $5\frac{5}{8}$g / 구해야 하는 것: 수희가 가지고 있던 구슬은 모두 몇 개입니까?)

구해야 하는 것 ▶ 수희가 가지고 있던 구슬의 수를 구하려고 해요.

필요한 정보 골라내기 ▶ 각 구슬의 무게는 모두 같고, 그 구슬들의 무게를 합하면 $7\frac{7}{8}$g이네요. 그리고 구슬 2개를 빼고 잰 무게는 $5\frac{5}{8}$g이라 합니다.

문제 해결 방법 찾기 ▶ 처음 무게와 구슬 2개를 뺀 무게와의 차이는 뺀 구슬 2개의 무게와 같아요. 그러므로 구슬 2개의 무게를 반으로 나누면 구슬 1개의 무게가 나오고, 전체 무게를 구슬 1개의 무게로 나누면 개수가 나와요.

답 구하기 ▶ 구슬 2개의 무게는 $7\frac{7}{8}-5\frac{5}{8}=2\frac{2}{8}$(g)이에요.

$1\frac{1}{8}+1\frac{1}{8}=2\frac{1}{8}$(g)이므로 구슬 1개의 무게는 $1\frac{1}{8}$g이 될 거예요.

이제 처음 무게인 $7\frac{7}{8}$g에 $1\frac{1}{8}$g이 몇 번이나 들어가는지를 확인해요.

$1\frac{1}{8}+1\frac{1}{8}+1\frac{1}{8}+1\frac{1}{8}+1\frac{1}{8}+1\frac{1}{8}+1\frac{1}{8}=7\frac{7}{8}$이므로 $7\frac{7}{8}$g은 구슬 7개의 무게라는 것을 알 수 있어요.

▶ 정답 : 7개

문제 해결의 포인트 분모가 같은 분수의 뺄셈은 분모는 그대로 써 주고 분자끼리 빼 준다.
'처음의 구슬의 무게'와 '구슬 몇 개를 빼 낸 후의 무게'의 차이는 '빼 낸 구슬 몇 개의 무게'이다.

비슷한 문제

1 주스가 $2\frac{4}{9}$L 있습니다. 이중 $\frac{2}{9}$L를 마시고, 남은 주스를 $\frac{4}{9}$L 들이의 병에 넣어두려고 합니다. 필요한 병의 개수를 구하시오.

(　　　　　　)

2 형진이네 아버지는 밭에서 $8\frac{1}{7}$kg의 감자를 캤습니다. 이중 $4\frac{5}{7}$kg을 집에서 먹고, 남은 감자는 $1\frac{1}{7}$kg씩 이웃에 나누어 주려고 합니다. 몇 집에 나누어 줄 수 있습니까?

(　　　　　　)

분모가 같은 분수의 덧셈과 뺄셈

정보 1 세영이의 몸무게는 주환이의 몸무게보다 $3\frac{3}{4}$kg 무겁고, 정보 2 주환이의 몸무게는 기훈이의 몸무게보다 $1\frac{3}{4}$kg 가볍습니다. 정보 3 세영이의 몸무게가 $35\frac{1}{4}$kg이라면, 기훈이의 몸무게는 몇 kg입니까? (구해야 하는 것)

구해야 하는 것 ▸ 기훈이의 몸무게를 구하려고 해요.

필요한 정보 골라내기 ▸ ❶ 세영이의 몸무게는 주환이의 몸무게보다 $3\frac{3}{4}$kg 무겁고, ❷ 주환이의 몸무게는 기훈이의 몸무게보다 $1\frac{3}{4}$kg 가볍다고 해요. ❸ 세영이의 몸무게는 $35\frac{1}{4}$kg이라고 나와 있네요.

문제 해결 방법 찾기 ▸ '★보다 ●kg 무겁다'는 의미는 ★+●를, '★보다 ●kg 가볍다'는 의미는 ★−●를 의미한다는 걸 알고 있어야 식 세우기가 편리하겠죠?

먼저, 기훈이의 몸무게를 구하기 위해서는 주환이의 몸무게를 알아야 하고, 주환이의 몸무게를 알기 위해서는 세영이의 몸무게를 이용해야 해요.

(주환이의 몸무게) → (기훈이의 몸무게) 구하는 순서로 해 주면 돼요.

답 구하기 ▸ (세영이의 몸무게)=(주환이의 몸무게)$+3\frac{3}{4}$

(주환이의 몸무게)=(기훈이의 몸무게)$-1\frac{3}{4}$

세영이의 몸무게 $35\frac{1}{4}$kg을 이용하면, 주환이의 몸무게는 $35\frac{1}{4}-3\frac{3}{4}=31\frac{2}{4}$(kg)이 나오고, 기훈이의 몸무게는 $31\frac{2}{4}+1\frac{3}{4}=33\frac{1}{4}$(kg)이 나와요.

▶ 정답 : $33\frac{1}{4}$kg

문제 해결의 포인트

㉮는 ㉯보다 ●kg 무겁다. ➡ ㉮=㉯+●

㉮는 ㉯보다 ★kg 가볍다. ➡ ㉮=㉯−★

비슷한 문제

1 선희는 4m의 빨간색 테이프 중에서 $1\frac{2}{5}$m를 사용하고, $6\frac{3}{5}$m의 노란색 테이프 중에서 $3\frac{4}{5}$m를 사용하여 선물을 포장하였습니다. 사용하고 남은 색 테이프의 길이의 합을 구하시오.

(   )

어떤 수 구하기, 잘못한 계산 바르게 하기

정보 1
어떤 수에서 $2\frac{3}{4}$을 빼야 하는데 잘못하여 더하였더니 7이 되었습니다. 바르게 계산한 값은 얼마입니까?

구해야 하는 것

구해야 하는 것 ▶ 바르게 계산한 값을 구하려고 해요.

필요한 정보 골라내기 ▶ 1 어떤 수에서 $2\frac{3}{4}$을 빼야 하는데 잘못하여 더했더니 7이 나왔다고 했어요. 이것은 어떤 수에 $2\frac{3}{4}$을 더한 수가 7이라는 것과 같은 말이에요.

문제 해결 방법 찾기 ▶ 어떤 수를 구한 다음, 바르게 계산한 답을 구해요.

답 구하기 ▶ 어떤 수를 □라 하고 잘못 구한 식을 세워 보세요.

$\square+2\frac{3}{4}=7$

덧셈과 뺄셈의 관계를 이용하여 □의 값을 구하면

$\square=7-2\frac{3}{4}=4\frac{1}{4}$이 나오네요.

따라서 바르게 계산하면 어떤 수 $4\frac{1}{4}$에서 $2\frac{3}{4}$을 빼 줘야겠죠?

그래서 $4\frac{1}{4}-2\frac{3}{4}=3\frac{5}{4}-2\frac{3}{4}=1\frac{2}{4}$가 돼요.

▶ 정답 : $1\frac{2}{4}$

문제 해결의 포인트

- 잘못된 계산식(덧셈식)에서 어떤 수를 구한 후, 바르게 계산(뺄셈식)하여 값을 구한다.
- 대분수의 뺄셈에서 분수끼리 뺄 수 없을 때에는 자연수 부분에서 1을 받아내림해서 계산한다.

비슷한 문제

1 어떤 수에서 $\frac{3}{8}$을 빼고 난 뒤 $2\frac{1}{8}$을 더했더니 $6\frac{5}{8}$가 되었습니다. 어떤 수를 구하시오.

(　　　　　　)

2 어떤 수에 $\frac{2}{9}$를 더하여야 할 것을 잘못하여 뺐더니 $\frac{4}{9}$가 되었습니다. 바르게 계산한 값은 얼마입니까?

(　　　　　　)

3 어떤 수에서 $3\frac{7}{11}$을 빼야 할 것을 잘못하여 더하였더니 $10\frac{5}{11}$가 되었습니다. 바르게 계산한 값은 얼마입니까?

(　　　　　　)

소수의 덧셈과 뺄셈

자릿수가 같거나 다른 소수의 덧셈과 뺄셈 문제를 해결 할 수 있다.

유형 48 소수의 덧셈과 뺄셈 | 자릿수가 같은 소수의 덧셈 4-2

정보 1 정원이의 몸무게는 45.08kg이고, 정보 2 강아지의 몸무게는 2.32kg입니다. 정원이가 강아지를 안고 저울 위로 올라간다면, 저울은 몇 kg을 나타내겠습니까? (구해야 하는 것) 정보 3 (저울은 소수 두 자리 수까지 보여줍니다.)

구해야 하는 것 ▶ 정원이가 강아지를 안고 저울 위로 올라갔을 때, 저울이 나타내는 무게를 구하려고 해요.

필요한 정보 골라내기 ▶ ① 정원이의 몸무게는 45.08kg, ② 강아지의 몸무게는 2.32kg이에요. 그리고 ③ 저울은 소수 두 자리 수까지 나타내는 저울이라고 해요.

문제 해결 방법 찾기 ▶ 정원이가 강아지를 안고 저울 위로 올라갔다면 정원이의 몸무게와 강아지의 몸무게를 더해 줘야 해요.

또 마지막에 주어진 정보인 저울은 소수 두 자리 수까지 보여준다는 말도 놓치지 말아야 해요. 모든 계산이 끝나고, 무게를 나타낼 때에는 소수 두 자리 수로 나타내라는 의미거든요.

답 구하기 ▶ 그럼 저울이 나타내는 전체 무게를 구해 보세요.

(정원이의 몸무게)+(강아지의 몸무게)=45.08+2.32=47.40(kg)이에요.

47.40에서 소수 둘째 자리에 있는 0은 생략이 가능하죠? 하지만 저울이 소수 두 자리 수까지 보여줘야 한다고 했으니까 저울이 나타내는 무게는 그대로 47.40kg으로 써 주세요.

▶ 정답 : 47.40kg

문제 해결의 포인트 2.3은 소수 한 자리 수, 2.30은 소수 두 자리 수, 2.300은 소수 세 자리 수이다.
소수에서 맨끝의 숫자 0은 생략할 수 있으므로 2.3, 2.30, 2.300은 모두 2.3으로 나타낼 수 있다.

비슷한 문제

1 혜민이는 재활용 비누를 만들려고 합니다. 폐식용유 5.36L에 가성소다 1.87L를 넣었을 때, 넣은 두 물질의 합은 몇 L입니까?

(　　　　　　　)

자릿수가 다른 소수의 덧셈

정보 1 한 송이의 무게가 0.34kg인 정보 2 포도 3송이와 정보 3 한 개의 무게가 0.2kg인 참외 정보 4 4개를 정보 5 0.4kg짜리 바구니에 담았습니다. 과일이 담긴 바구니의 무게는 몇 kg입니까?

구해야 하는 것

구해야 하는 것 ▶ 과일이 담긴 바구니의 무게를 구하려고 해요.

필요한 정보 골라내기 ▶ 1 포도 한 송이는 0.34kg, 3 참외 한 개는 0.2kg이고, 5 바구니는 0.4kg이에요. 바구니에 2 포도 3송이와 4 참외 4개를 담았습니다.

문제 해결 방법 찾기 ▶ 포도 3송이의 무게 → 참외 4개의 무게 → 포도와 참외의 전체 무게 → 과일이 든 바구니의 무게 순서로 생각해 보세요.

답 구하기 ▶ 포도 1송이의 무게는 0.34kg이니까 포도 3송이의 무게는 $0.34+0.34+0.34=1.02$(kg)이 나와요.

참외 1개의 무게는 0.2kg이니까 참외 4개의 무게는 $0.2+0.2+0.2+0.2=0.8$(kg)이 되죠.

포도 3송이의 무게는 $0.34\times3=1.02$(kg)으로 참외 4개의 무게는 $0.2\times4=0.8$(kg)으로 곱셈을 이 용하여 구하는 방법도 있어요.

포도 3송이와 참외 4개의 무게는 $1.02+0.8=1.82$(kg)이란 것을 알아냈어요.

과일만의 무게는 모두 구했으니 이제 바구니의 무게와 더하기만 하면 됩니다.

(포도 3송이와 참외 4개의 무게) + (바구니의 무게)

$=1.82+0.4=2.22$(kg)이 된답니다.

$$\begin{array}{r} {}^{1} \\ 1.82 \\ +\ 0.4 \\ \hline 2.22 \end{array}$$

▶ 정답 : 2.22kg

문제 해결의 포인트 자릿수가 다른 소수의 덧셈을 할 때에는 가로로 쓰는 것보다 소수점을 맞춰 세로로 써서 계산하면 편리하다.

비슷한 문제

1 주현이는 자전거를 5.96km 타고, 승호는 주현이보다 2.5km 더 많이 탔습니다. 주현이와 승호가 자전거를 탄 거리의 합은 몇 km입니까?

(　　　　　　　)

2 효진이는 무게가 0.65kg인 상자에 7.5kg의 사과를 담았습니다. 사과를 담은 상자의 무게는 모두 몇 kg입니까?

(　　　　　　　)

유형 50 소수의 덧셈과 뺄셈 | 자릿수가 같은 소수의 뺄셈

정보 1 나연이의 100m달리기 기록은 19.4초입니다. 정보 2 수환이는 나연이보다 1.9초 빠른 기록을 가지고 있고, 정보 3 영식이는 수환이보다 0.3초 빠른 기록을 가지고 있습니다. 영식이의 100m달리기 기록은 몇 초입니까? (구해야 하는 것)

구해야 하는 것 ▶ 영식이의 100m 달리기 기록은 몇 초인지 구하려고 해요.

필요한 정보 골라내기 ▶ ①나연이의 100m 달리기 기록은 19.4초예요. ②수환이는 나연이보다 1.9초 빠르고, ③영식이는 수환이보다 0.3초 빨라요.

문제 해결 방법 찾기 ▶ 영식이의 기록을 알기 위해서는 수환이의 기록을 알아야 하고, 수환이의 기록을 구하기 위해서는 나연이의 기록을 이용해야 해요. 수환이는 나연이보다 1.9초 빠르다고 했으므로 나연이의 기록에서 1.9초를 빼 주고, 영식이는 수환이보다 0.3초 빠르다고 했으므로 수환이의 기록에서 0.3초를 빼줘야 해요.

답 구하기 ▶ (수환이의 달리기 기록)은 $19.4-1.9=17.5$(초)가 되네요.
(영식이의 달리기 기록)은 $17.5-0.3=17.2$(초)가 되지요.
영식이의 100m 달리기 기록은 17.2초랍니다.

▶ 정답 : 17.2초

문제 해결의 포인트
'▲보다 ★초 빠른 기록' ➡ ▲−★
'▲보다 ★초 느린 기록' ➡ ▲+★

비슷한 문제

1 17.6g의 모래에서 2.4g의 철가루를 분리했습니다. 그리고 모래 속 불순물 0.7g을 더 분리했다면, 남아 있는 순수한 모래는 몇 g입니까?

( )

2 밀가루 1.25kg 중에서 튀김을 만드는 데 0.37kg을 사용하고, 전을 부치는 데 0.49kg을 사용하였습니다. 남은 밀가루는 몇 kg입니까?

( )

3 재희가 가지고 있는 철사의 길이는 9.3m이고, 연수가 가지고 있는 철사의 길이는 재희가 가지고 있는 철사보다 2.5m 짧고, 재석이가 가지고 있는 철사는 연수가 가지고 있는 철사보다 3.9m 짧다고 합니다. 재석이가 가지고 있는 철사는 몇 m입니까?

( )

자릿수가 다른 소수의 뺄셈

정보 1
희수는 철사 6.25m를 가지고 있습니다. 이 철사로 고리를 만들고,
정보 2
2.864m가 남았습니다. 고리를 만드는 데 사용한 철사는 몇 m입니까?
구해야 하는 것

구해야 하는 것 ▸ 고리를 만드는 데 사용한 철사의 길이를 구하려고 해요.

필요한 정보 골라내기 ▸ ① 희수는 철사 6.25m를 가지고 있고, 이 철사로 고리를 만들고, ② 2.864m가 남았다고 하네요.
가지고 있던 철사에서 사용한 철사의 길이를 빼면 남은 철사의 길이가 돼요. 여기서 주의할 건 자릿수가 다른 소수의 뺄셈이라는 거예요.

문제 해결 방법 찾기 ▸ 소수 두 자리 수(6.25)와 소수 세 자리 수(2.864)의 뺄셈이니까 6.25를 소수 세 자리 수로 맞춰 6.250으로 생각하고 계산해 줘야 해요.

답 구하기 ▸ 전체 철사의 길이를 소수 세 자리 수로 고치면 6.250m,
남은 철사의 길이는 2.864m 두 수를 빼면 6.250−2.864=3.386(m)
이니까 고리를 만드는 데 사용한 철사는 3.386m네요.

$$\begin{array}{r} 6.250 \\ -\ 2.864 \\ \hline 3.386 \end{array}$$

▶ 정답 : 3.386m

문제 해결의 포인트 자릿수가 다른 소수의 뺄셈은 맨 끝자리 뒤에 0이 있다 생각하고 계산한다.

$$\begin{array}{r} 8.430 \\ -\ 6.192 \\ \hline 2.238 \end{array} \qquad \begin{array}{r} 7.527 \\ -\ 4.350 \\ \hline 3.177 \end{array}$$

비슷한 문제

1 유희의 몸무게는 35.74kg이고, 동생의 몸무게는 유희보다 3.9kg이 가볍습니다. 동생의 몸무게는 몇 kg입니까?

( )

2 사과 한 박스의 무게는 15.285kg이고, 배 한 박스의 무게는 사과 한 박스의 무게보다 4.36kg 가볍습니다. 배 한 박스의 무게는 몇 kg입니까?

( )

소수의 뺄셈의 활용

정보 1 책 두 권을 가방에 넣고 무게를 재어 보니 3.46kg이었습니다. 이 가방에 정보 2 책 한 권을 더 넣고 무게를 재었더니 4.09kg이 되었습니다. 가방만의 무게를 구하시오.(구해야 하는 것) (단, 정보 3 책의 무게는 모두 같습니다.)

구해야 하는 것 ▸ 가방만의 무게를 구하려고 해요.

필요한 정보 골라내기 ▸ ①책 두 권을 가방에 넣고 무게를 재면 3.46kg이고, ②이 가방에 책 한 권을 더 넣고 무게를 재면 4.09kg이 되네요. ③책의 무게는 모두 같고요.

문제 해결 방법 찾기 ▸ 책 2권이 든 가방의 무게와 책 3권이 든 가방의 무게를 이용하여 책 1권의 무게를 구할 수 있어요. 그리고 책 2권의 무게를 구해 책 2권이 든 가방의 무게와의 차를 구해요.

답 구하기 ▸ (책 1권의 무게)=(책 3권이 든 가방의 무게)−(책 2권이 든 가방의 무게)

$=4.09-3.46=0.63$(kg)

(책 2권의 무게)$=0.63+0.63=1.26$(kg)이 되네요.

이젠 가방만의 무게를 구할 수 있겠죠?

(빈 가방의 무게)=(책 2권이 든 가방의 무게)−(책 2권의 무게)$=3.46-1.26=2.2$(kg)이 되는 거죠.

좀 더 간단한 방법으로 이 식을 한꺼번에 써서 $3.46-(4.09-3.46)\times 2=2.2$(kg)으로 구할 수도 있어요.

▶ 정답 : 2.2kg

문제 해결의 포인트

- 책 두 권이 든 가방의 무게와 책 세 권이 든 가방의 무게를 알면 뺄셈으로 책 한 권의 무게를 알 수 있다.
- 책 한 권이 든 가방의 무게와 책 한 권의 무게를 알면 가방만의 무게를 알 수 있다.

비슷한 문제

1 은영이가 2.7kg인 강아지를 들고 저울에 올라섰더니 40.25kg을 가리켰습니다. 이번에는 지영이가 똑같은 강아지를 들고 저울에 올라섰더니 45.8kg을 가리켰습니다. 은영이와 지영이 중 누가 몇 kg 더 무겁습니까?

(,)

2 한 변의 길이가 4.8m인 정사각형이 있습니다. 이 정사각형의 가로의 길이를 0.77m, 세로의 길이를 0.5m 줄여서 만든 직사각형의 네 변의 길이의 합을 구하시오.

( )

유형 53 소수의 덧셈과 뺄셈 | 숫자 카드로 조건에 맞는 수 만들어 계산하기 4-2

정보 1 숫자 카드를 정보 2 한 번씩만 모두 사용하여 둘째 번으로 큰 소수 세 자리 수와 둘째 번으로 작은 소수 세 자리 수를 각각 만들어 두 수의 합을 구하시오. (구해야 하는 것)

4 8 1 3 5

구해야 하는 것 ▶ 둘째 번으로 큰 소수 세 자리 수와 둘째 번으로 작은 소수 세 자리 수의 합을 구하려고 해요.

필요한 정보 골라내기 ▶ ① 4, 8, 1, 3, 5 가 적힌 숫자 카드 5장이 있네요. 이 카드를 ② 한 번씩만사용해야 해요.

문제 해결 방법 찾기 ▶ 소수의 크기를 비교할 때에는 자연수, 소수 첫째 자리, 소수 둘째 자리, 소수 셋째 자리 순서로 비교해 주면 되듯 가장 큰 수, 가장 작은 수를 만들 때도 이 방법대로 해요.

답 구하기 ▶ 가장 큰 소수 세 자리 수는 85.431이고, 둘째로 큰 소수 세 자리 수는 85.413이에요. 가장 작은 소수 세 자리 수는 13.458이고, 둘째로 작은 소수 세 자리 수는 13.485가 되죠.
따라서 두 수의 합은 85.413+13.485=98.898이 되는 거예요.

▶ 정답 : 98.898

문제 해결의 포인트

- 5개의 숫자로 소수 두 자리 수 만들기 : □□□.□□
- 5개의 숫자로 소수 세 자리 수 만들기 : □□.□□□

비슷한 문제

1 숫자 카드를 한 번씩만 모두 사용하여 가장 큰 소수 세 자리 수와 가장 작은 소수 세 자리 수를 각각 만들어 두 수의 차를 구하시오.

9 2 4 7

( )

2 숫자 카드를 한 번씩만 모두 사용하여 만들 수 있는 소수 세 자리 수 중에서 둘째 번으로 큰 수와 둘째 번으로 작은 수의 차를 구하시오.

0 3 5 6 8

( )

어떤 수 구하기, 잘못한 계산 바르게 하기

비커에 식용유가 담겨 있습니다. 여기에 식용유 130.5mL를 더 넣은 후, 23.45mL를 빼야 할 것을 잘못하여 더 넣었더니 320.9mL가 되었습니다. 바르게 넣었다면, 식용유는 몇 mL가 되겠습니까?

구해야 하는 것 ▶ 식용유를 바르게 넣었을 때의 양을 구하려고 해요.

필요한 정보 골라내기 ▶ 식용유가 담긴 비커에서 23.45mL를 빼야 하는데 잘못하여 더 넣었더니 전체가 320.9mL가 되었다고 하네요. 처음 비커에 식용유 130.5mL를 넣었다는 것은 필요 없는 정보예요. 비커에 얼마만큼을 더 넣었든 계산 결과에는 영향을 미치지 않잖아요. (처음 비커에 있던 식용유 +130.5mL)가 한 덩어리가 되는 것이랍니다.

문제 해결 방법 찾기 ▶ 잘못 계산하기 전의 양을 구한 후, 바르게 다시 계산해 보세요.

답 구하기 ▶ 모르는 것은 처음에 있던 식용유의 양이죠? 아니 정확히 말해서 처음에 있던 식용유에 130.5mL를 더한 양이 되는 거예요. 이것을 □라고 둡니다.

□+23.45=320.9(mL) ➡ □=320.9−23.45=297.45(mL)

처음에 들어 있던 식용유에 130.5mL를 더한 양이 297.45mL임을 구했어요.

바르게 계산하면 식용유의 양은 297.45−23.45=274(mL)가 된답니다.

▶ 정답 : 274mL

문제 해결의 포인트

잘못 계산한 상황 : 23.45mL를 더 넣었다.
바르게 계산해야 할 상황 : 23.45mL를 뺀다.
바르게 계산하기 : 잘못 계산하기 전의 상황을 만든 후, 다시 계산한다.

비슷한 문제

1 어떤 수에서 0.74를 빼야 할 것을 잘못하여 더하였더니 2.55가 되었습니다. 바르게 계산하면 얼마입니까?

( )

2 어떤 수에 2.638을 더해야 할 것을 잘못하여 빼었더니 1.514가 되었습니다. 바르게 계산하면 얼마입니까?

( )

길이의 합과 차

길이와 거리에 관련된 다양한 문제를 해결할 수 있다.

유형 55 길이의 합과 차 — 길이의 합

3 – 1

미술 시간에 정민이는 노끈 95mm를 사용하고, 준서는 정민이보다 4cm 8mm를 더 사용하였습니다. 미술 시간에 두 사람이 사용한 노끈의 길이의 합은 몇 cm 몇 mm입니까?

(정보 1: 정민이는 노끈 95mm를 사용하고, / 정보 2: 준서는 정민이보다 4cm 8mm를 더 사용하였습니다. / 구해야 하는 것: 두 사람이 사용한 노끈의 길이의 합은 몇 cm 몇 mm)

구해야 하는 것 ▸ 두 사람이 사용한 노끈의 길이의 합을 구하려고 해요.

필요한 정보 골라내기 ▸ ①정민이는 노끈 95mm를 사용하고, ②준서는 정민이보다 4cm 8mm를 더 사용하였다고 해요.

문제 해결 방법 찾기 ▸ 준서가 사용한 노끈의 길이는 정민이가 사용한 노끈의 길이에 더 긴 길이만큼 더해 주면 돼요. 그런 다음 두 사람이 사용한 길이를 더하면 되는 거죠.

답 구하기 ▸ 준서가 사용한 노끈은 95mm에 4cm 8mm를 더해요.

95mm를 9cm 5mm로 또는 4cm 8mm를 48mm로 고쳐서 단위의 모양을 통일해서 계산을 하세요.

준서가 사용한 노끈의 길이를 구하면

(준서가 사용한 노끈의 길이)=(정민이가 사용한 노끈의 길이)

+4cm 8mm=9cm 5mm+4cm 8mm=14cm 3mm

따라서 두 사람이 사용한 노끈의 길이는

(정민이가 사용한 노끈의 길이)+(준서가 사용한 노끈의 길이)

=9cm 5mm+14cm 3mm=23cm 8mm가 되는 거예요.

	1
	9cm 5mm
+	4cm 8mm
	14cm 3mm

	9cm 5mm
+	14cm 3mm
	23cm 8mm

▶ 정답 : 23cm 8mm

문제 해결의 포인트 길이의 단위가 다를 때에는 어느 한쪽의 단위로 통일한 다음, 같은 단위끼리 더한다. 즉 mm 단위끼리, cm 단위끼리 더한다.

비슷한 문제

1 소영이의 고무줄의 길이는 453mm이고, 진수의 고무줄의 길이는 소영이의 고무줄의 길이보다 4cm 7mm 더 짧습니다. 두 사람의 고무줄의 길이의 합은 몇 cm 몇 mm입니까?

( )

정보 1 정보 2

정민이는 편지지의 가로와 세로의 길이를 재었더니 각각 8cm 6mm, 12cm 8mm이었습니다. 더 긴 쪽은 더 짧은 쪽보다 몇 cm 몇 mm가 더 깁니까?

구해야 하는 것

구해야 하는 것 ▶ 더 긴 쪽이 더 짧은 쪽보다 몇cm 몇mm가 더 긴지 구하려고 해요.

필요한 정보 골라내기 ▶ 편지지의 가로의 길이는 8cm 6mm, 세로의 길이는 12cm 8mm라고 하네요.

문제 해결 방법 찾기와 답 구하기 ▶ 8cm 6mm와 12cm 8mm 중 더 긴 쪽은 12cm 8mm죠?
이제 얼마나 더 긴지 뺄셈을 통해 알 수 있어요.
길이의 합을 구하는 방법과 마찬가지로 같은 단위끼리 빼 주세요.
12cm 8mm－8cm 6mm＝4cm 2mm
만약 단위가 다르게 주어졌다면 단위의 모양을 통일하여 나타내는 과정을 한 번 더 거치면 된답니다.

	12cm 8mm
−	8cm 6mm
	4cm 2mm

▶ 정답 : 4cm 2mm

문제 해결의 포인트 mm 단위끼리, cm 단위끼리 뺀다. mm 단위끼리 뺄 수 없는 경우에는 cm 단위에서 받아 내려 계산한다.

비슷한 문제

1 수현이는 길이가 12cm 5mm인 끈을 가지고 있고, 종석이는 길이가 20cm 3mm인 끈을 가지고 있습니다. 종석이는 수현이보다 끈을 몇 cm 몇 mm 더 많이 가지고 있습니까?

(　　　　　　　　)

2 아버지의 운동화의 길이는 275mm이고, 하은이의 운동화의 길이는 220mm입니다. 아버지의 운동화의 길이는 하은이의 운동화의 길이보다 몇cm 몇mm 더 깁니까?

(　　　　　　　　)

3 길이가 3m인 실이 있습니다. 이 실을 이용하여 한 변의 길이가 67mm인 정삼각형을 1개 만들었습니다. 남은 끈의 길이는 몇mm입니까?

(　　　　　　　　)

길이의 합과 차 – 겹쳐 이은 색 테이프의 길이 구하기 3-1

정보 1 길이가 14cm인 색 테이프 정보 2 6개를 정보 3 8mm씩 겹치도록 이어 붙였습니다.

이은 색 테이프의 전체 길이는 몇 cm입니까?

구해야 하는 것

구해야 하는 것 ▶ 이은 색 테이프의 전체 길이를 구하려고 해요.

필요한 정보 골라내기 ▶ ①14cm인 색 테이프 ②6개를 이어 붙였고 겹친 부분의 길이가 ③8mm라고 해요.

문제 해결 방법 찾기 ▶ 색 테이프의 길이의 6배에서 겹친 부분의 길이의 합을 빼 줘야 해요.

이때 색 테이프 6개를 이으면 겹친 부분은 5군데가 되는 것에 주의하세요.

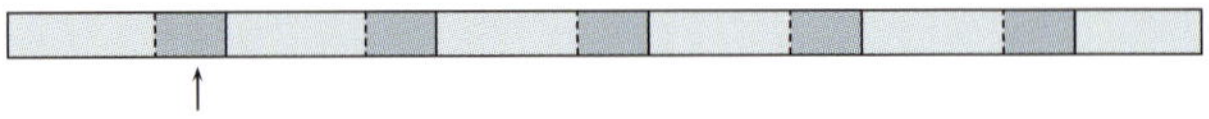

답 구하기 ▶ (색 테이프 6개의 길이) $= 14 \times 6 = 84$(cm)

(겹친 부분의 길이) $= 8 \times 5 = 40$(mm)

이제 84cm에서 40mm를 빼 주세요. 40mm를 4cm로 바꾸어 계산해 볼까요?

(이은 색 테이프 전체의 길이) $= 84 - 4 = 80$(cm)가 돼요.

▶ 정답 : 80cm

문제 해결의 포인트 색 테이프 ▲개를 이으면 겹친 부분은 (▲$-$1)개가 된다.

(색 테이프를 이은 길이)$=${(색 테이프 1개의 길이)$\times$▲}$-${(겹친 부분 1개의 길이)$\times$(▲$-$1)}

비슷한 문제

1 색 테이프 한 개의 길이는 35cm입니다. 색 테이프 2개를 8cm 7mm가 겹쳐지게 이었습니다. 이은 색 테이프 전체의 길이는 몇 cm 몇 mm입니까?

( )

2 길이가 18cm인 색 테이프 7개를 4mm씩 겹치게 이어 붙였습니다. 이은 색 테이프의 전체 길이는 몇 cm 몇 mm입니까?

( )

거리의 합

정보 1 현주네 집에서 놀이터까지의 거리는 1700m이고, 정보 2 놀이터에서 학교까지의 거리는 1km 562m입니다. 정보 3 또 학교에서 도서관까지의 거리는 1km입니다. 현주네 집에서 놀이터를 거쳐 학교까지의 거리는 몇 m입니까? (구해야 하는 것)

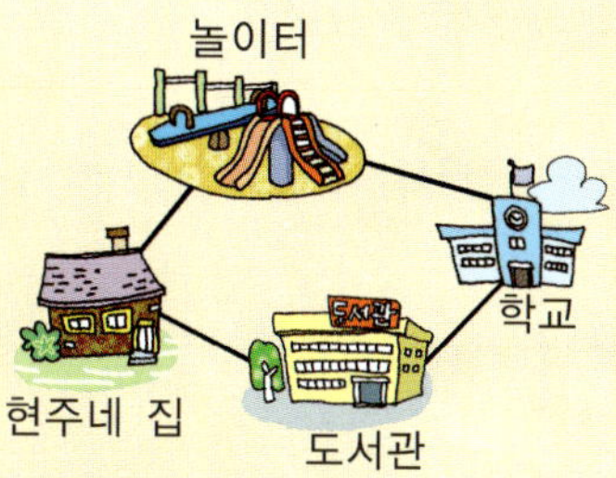

구해야 하는 것 ▶ 현주네 집에서 놀이터를 거쳐 학교까지의 거리는 몇 m인지 구하려고 해요.

필요한 정보 골라내기 ▶ ① 현주네 집에서 놀이터까지의 거리는 1700m, ② 놀이터에서 학교까지의 거리는 1km 562m예요.

③ 학교에서 도서관까지의 거리인 1km는 문제와는 상관없는 정보인 것도 금방 알 수 있죠?

쉽게 그림으로 나타내어 보면,

문제 해결 방법 찾기 ▶

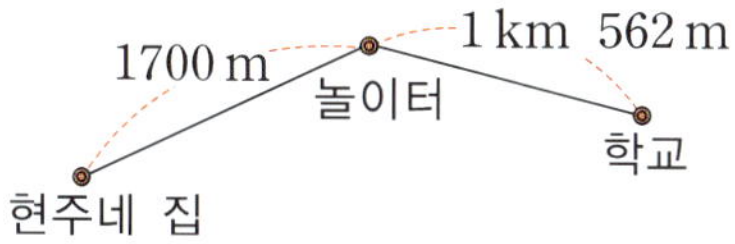

현주네 집에서 학교까지의 거리는 두 거리를 더해 주기만 하면 되겠죠? 길이의 덧셈과 마찬가지로 같은 단위끼리 덧셈을 합니다.

답 구하기 ▶ (현주네 집에서 놀이터까지의 거리)+(놀이터에서 학교까지의 거리)

=1700m+1km 562m=1km 700m+1km 562m

=2km 1262m=3km 262m가 되는 거예요.

$$\begin{array}{r} 1\text{km} \;\; 700\text{m} \\ +\;\; 1\text{km} \;\; 562\text{m} \\ \hline 2\text{km} \; 1262\text{m} \\ 1 \leftarrow 1000 \\ \hline 3\text{km} \;\; 262\text{m} \end{array}$$

▶ 정답 : 3km 262m

문제 해결의 포인트 m는 m끼리, km는 km끼리 더해 준 다음 m 단위에서 받아올림이 생기면 km 단위로 받아올림한다.

비슷한 문제

1 영호네 집에서 공원까지는 2km 835m입니다. 영호가 자전거를 타고 공원까지 갔다 왔다면, 영호가 자전거를 탄 거리는 모두 몇 km 몇 m입니까?

( )

2 성준이는 집에서 출발하여 가게를 거쳐 공원에 가서 운동을 한 후, 다시 같은 길로 집에 돌아왔습니다. 성준이가 집에서 가게를 거쳐 공원에 갔다 오면서 걸은 거리는 모두 몇 km 몇 m입니까?

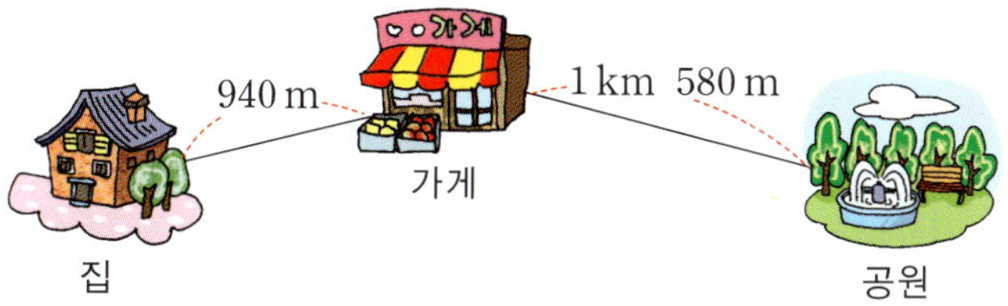

( )

유형 59 길이의 합과 차 — 거리의 차

마라톤 선수가 달리는 거리는 42km 195m(정보 1)입니다. 어느 선수가 마라톤 경기 중에 14km 697m(정보 2)를 뛰었다면, 남은 거리는 몇 km 몇 m입니까?(구해야 하는 것)

구해야 하는 것 ▶ 남은 거리는 몇 km 몇 m인지 구하려고 해요.

필요한 정보 골라내기 ▶ 마라톤 선수가 달리는 거리는 ① 42km 195m이고, 이미 뛴 거리는 ② 14km 697m라고 해요.

문제 해결 방법 찾기와 답 구하기 ▶ 여기서 남은 거리를 구하려면 뺄셈을 해야 해요.

(전체 마라톤 거리)－(뛴 거리)＝(남은 거리)이니까

42km 195m－14km 697m＝27km 498m

거리의 뺄셈도 길이의 뺄셈과 마찬가지로 같은 단위끼리 빼서 계산하면 돼요.

따라서 마라톤에서 남은 거리는 27km 498m가 돼요.

	41	1000
	~~42~~km	195m
－	14km	697m
	27km	498m

▶ 정답 : 27km 498m

문제 해결의 포인트 m 단위끼리 뺄 수 없으면 1km를 1000m로 받아내림하여 계산한다.

비슷한 문제

1 우체국에서 문구점까지의 거리는 8km 264m이고, 우체국에서 공원까지의 거리는 5378m입니다. 우체국에서 문구점까지의 거리는 우체국에서 공원까지의 거리보다 몇 km 몇 m 더 멉니까?

( )

2 정은이네 집에서 할아버지 댁까지의 거리는 8km 200m입니다. 정은이네 집에서 버스를 타고, 6km 400m를 갔다면, 할아버지 댁에 도착하기 위해서는 몇 km 몇 m를 더 가야 합니까?

( )

3 준기는 주말에 가족과 함께 43km 떨어진 휴양지에 놀러 갔습니다. 35km 800m는 기차를 타고, 나머지는 택시를 타고 갔습니다. 택시를 탄 거리는 몇 km 몇 m입니까?

( )

거리의 합과 차

정보 1 자동차는 3분 동안 5km 180m를 달리고, 정보 2 기차는 3분 동안 6km 750m를 달립니다. 정보 3 자동차와 기차는 일정한 빠르기로 달린다면, 6분 동안 달린 거리의 차는 몇 km 몇 m입니까?

구해야 하는 것

구해야 하는 것 ▸ 6분 동안 자동차와 기차가 달린 거리의 차를 구하려고 해요.

필요한 정보 골라내기 ▸ 1 자동차는 3분 동안 5km 180m를 달리고, 2 기차는 3분 동안 6km 750m를 달려요. 또 3 둘다 빠르기가 일정하다고 하네요.

문제 해결 방법 찾기 ▸ 자동차와 기차가 각각 6분 동안 얼마나 달리는지를 먼저 구한 후, 다시 두 거리의 차를 구하면 돼요.

답 구하기 ▸ 자동차와 기차가 6분 동안 달린 거리를 구하려면, 3분 동안 달린 거리의 2배를 해 주면 돼요.
자동차가 6분 동안 달린 거리는 5km 180m＋5km 180m＝10km 360m가 되네요.
기차가 6분 동안 달린 거리는 6km 750m＋6km 750m＝13km 500m가 되고요.
거리를 비교해 보니까 기차가 자동차보다 더 멀리 달렸네요. 이제 두 거리의 차를 구하세요.
13km 500m－10km 360m＝3km 140m

▶ 정답 : 3km 140m

문제 해결의 포인트 일정한 빠르기로 달리는 이동 수단은 달린 시간과 거리가 일정하게 늘어난다.

비슷한 문제

1 재희는 20분 동안에 1km 200m를 걸을 수 있고, 소영이는 20분 동안에 1km 350m를 걸을 수 있습니다. 같은 빠르기로 1시간 동안 걸으면, 두 사람의 거리의 차는 몇 m입니까?

(　　　　　　　)

2 일정한 빠르기로 형빈이는 2분에 1km 540m, 준석이는 3분에 2380m를 걷습니다. 두 사람이 동시에 출발하여 같은 방향으로 6분 동안 걷는다면, 두 사람 사이의 거리는 몇 m입니까?

(　　　　　　　)

시간의 합과 차

시간의 합과 차를 구하고, 규칙이 있는 시간 문제나 고장난 시계에 관한 문제를 해결할 수 있다.

61 걸린 시간 구하기
62 도착한 시각 구하기
63 출발한 시각 구하기
64 단위가 다른 시간의 합과 차
65 규칙이 있는 시간의 합과 차
66 낮과 밤의 길이 이용하기
67 빨리 가거나 늦게 가는 시계에 관한 문제

유형 61 시간의 합과 차 걸린 시간 구하기 3-1

우진이는 학교에서 전국 미술 그리기 대회 대표로 나가게 되었습니다. 정보 1 어제는 1시간 45분 동안 그리기 연습을 하였고, 정보 2 오늘은 2시간 35분 동안 그리기 연습을 하였습니다. 우진이는 어제와 오늘 그리기 연습을 모두 몇 시간 몇 분 동안 하였습니까?

구해야 하는 것

구해야 하는 것 ▶ 우진이가 어제와 오늘 그리기 연습을 모두 몇 시간 몇 분 동안 하였는지 구하려고 해요.

필요한 정보 골라내기 ▶ 1 어제는 1시간 45분 동안 그리기 연습을 하였고, 2 오늘은 2시간 35분 동안 그리기 연습을 했어요.

문제 해결 방법 찾기 ▶ 어제와 오늘 그리기 연습한 시간이 모두 얼마냐고 했으므로 각 시간을 더합니다.
걸린 시간끼리 더하거나 빼도 걸린 시간이 돼요. 얼마만큼 걸린 시간에 또 다른 걸린 시간을 더하면 전체 걸린 시간이잖아요. 따라서 답도 '~시 ~분' 이 아닌 '~시간 ~분' 이라고 써 주세요.

답 구하기 ▶ (어제 그리기 연습을 하는 데 걸린 시간)
+(오늘 그리기 연습을 하는 데 걸린 시간)
=1시간 45분+2시간 35분
=3시간 80분=4시간 20분

	1시간	45분
+	2시간	35분
	3시간	80분
	1	← 60
	4시간	20분

▶ 정답 : 4시간 20분

문제 해결의 포인트 시간은 시간끼리, 분은 분끼리 더한다.
1시간은 60분이므로 분끼리의 합이 60이거나 60을 넘으면 시간으로 받아올림한다.
(시간)+(시간)=(시간)

비슷한 문제

1 효경이네 가족이 할아버지 댁으로 여행을 갔습니다. 효경이네 가족은 오후 3시 50분에 출발하여 할아버지 댁에 6시 5분에 도착하였습니다. 효경이네 가족이 할아버지 댁에 가는 데 걸린 시간은 몇 시간 몇 분입니까?

( )

도착한 시각 구하기

정보 1 성민이는 집에서 축구장에 가는 데 1시간 25분이 걸립니다. 정보 2 성민이가 집에서 축구장에 가기 위해 출발한 시각은 오후 5시 55분입니다. 성민이가 축구장에 도착한 시각은 오후 몇 시 몇 분입니까?

구해야 하는 것

구해야 하는 것 ▶ 성민이가 축구장에 도착한 시각은 오후 몇 시 몇 분인지 구하려고 해요.

필요한 정보 골라내기 ▶ ①성민이는 집에서 축구장에 가는 데 1시간 25분이 걸리고, ②성민이가 집에서 축구장에 가기 위해 출발한 시각은 오후 5시 55분이라고 하네요.

문제 해결 방법 찾기 ▶ 시간과 시각이 동시에 나오면 혼동하기 쉽죠? 어떤 시각에서 몇 시간 몇 분 후는 시간이 아니에요. 시간의 마지막 시점이니까 시각이 되지요. 그래서 결과를 시각으로 표현하는 것이 이 문제에서 가장 중요해요.

성민이가 축구장에 도착한 시각은 처음에 출발한 시각에 걸린 시간만큼 더해 줍니다.

	5시	55분
+	1시간	25분
	6시	80분
	1	← 60
	7시	20분

답 구하기 ▶ 그럼 오후 5시 55분 + 1시간 25분 = 오후 7시 20분이 되네요.

▶ 정답 : 오후 7시 20분

문제 해결의 포인트 (시각)+(시간)=(시각)

비슷한 문제

1 만화 영화가 5시 24분에 시작하여 40분 동안 방영하였습니다. 만화 영화가 끝난 시각은 몇 시 몇 분입니까?

( )

2 야구 경기가 오후 2시 35분에 시작하여 4시간 45분 동안 하였습니다. 야구 경기가 끝난 시각은 몇 시 몇 분입니까?

( )

3 종현이네 가족은 오전 11시 40분에 집에서 출발하여 1시간 35분 동안 백화점에서 쇼핑을 하고, 공원에서 80분 동안 놀다가 집에 도착하였습니다. 종현이네 가족이 집에 도착한 시각은 몇 시 몇 분입니까?

( )

유형 63 시간의 합과 차 출발한 시각 구하기

성민이가 집에서 축구장에 가는 데 1시간 25분이 걸립니다. 축구장에 도착한 시각은 오후 5시 55분이라고 할 때, 성민이가 축구장으로 출발한 시각은 오후 몇 시 몇 분입니까?

(정보 1 / 정보 2 / 구해야 하는 것)

구해야 하는 것 ▶ 성민이가 축구장으로 출발한 시각은 몇 시 몇 분인지 구하려고 해요.

필요한 정보 골라내기 ▶ ① 집에서 축구장에 가는 데 1시간 25분이 걸리고, ② 도착한 시각은 오후 5시 55분이라고 해요.
1시간 25분은 시간, 오후 5시 55분은 시각이에요.

문제 해결 방법 찾기 ▶ (출발한 시각)+(걸린 시간)=(도착한 시각)
출발한 시각에서 걸린 시간을 더하면 도착한 시각을 알 수 있듯이 도착한 시각에서 걸린 시간을 빼면 출발한 시각을 알 수 있어요.

답 구하기 ▶ 그럼 성민이가 축구장으로 출발한 시각을 구해 볼까요?
(도착한 시각)−(걸린 시간)=(출발한 시각)
오후 5시 55분−1시간 25분=오후 4시 30분
따라서 성민이가 축구장에 출발한 시각은 오후 4시 30분이 되는 거예요.

	5시	55분
−	1시간	25분
	4시	30분

▶ 정답 : 오후 4시 30분

문제 해결의 포인트

- 시간은 시간끼리, 분은 분끼리 뺀다.
- 1시간은 60분이므로 분끼리 뺄 수 없을 때에는 1시간을 60분으로 받아내림한다.
- (시각)−(시간)=(시각)

비슷한 문제

1 유경이는 극장에서 영화를 보는 데 1시간 45분이 걸렸습니다. 영화가 끝난 시각이 4시 10분이라면, 영화가 시작한 시각은 몇 시 몇 분입니까?

( )

2 주현이는 피아노 학원에 5시까지 가야 합니다. 피아노 학원에 가는 데 25분이 걸린다면, 주현이가 5시에 도착하려면 집에서 몇 시에 출발해야 합니까?

( )

유형 64 시간의 합과 차

단위가 다른 시간의 합과 차

정민이는 수영 연습을 오후 8시 20분에 끝냈습니다.(정보 1) 수영 연습을 시작한 시각은 145분 전입니다.(정보 2) 정민이가 수영을 시작한 시각은 몇 시 몇 분입니까?(구해야 하는 것)

구해야 하는 것 ▶ 정민이가 수영을 시작한 시각을 구하려고 해요.

필요한 정보 골라내기 ▶ ①수영 연습을 오후 8시 20분에 끝냈고, ②수영 연습은 145분 전에 시작하였다고 하네요.

문제 해결 방법 찾기 ▶ 수영 연습을 끝낸 시각에서 거꾸로 145분 전을 거슬러 올라가면 수영을 시작한 시각을 구할 수 있어요. 그럼 오후 8시 20분에서 145분을 빼면 되겠죠?
하지만 시간을 나타내는 모양이 달라요. 145분을 몇 시간 몇 분의 꼴로 바꿔 주세요.

답 구하기 ▶ 145분은 2시간 25분입니다.
8시 20분－2시간 25분＝5시 55분
이제 답을 말할 때 5시간 55분이라고 하지 않도록 주의해야 해요.
왜냐하면 시작한 시각은 몇 시간 몇 분이 아니라 몇 시 몇 분으로 말해야 하기 때문이에요.

	7	60
	~~8~~시	20분
－	2시간	25분
	5시	55분

▶ 정답 : 오후 5시 55분

문제 해결의 포인트 시간의 단위가 다른 계산은 같은 시간 단위로 고친 후 계산한다.

비슷한 문제

1 지금 시각은 5시 35분입니다. 민준이는 210분 후에 자려고 합니다. 민준이가 잠자리에 들 시각은 몇 시 몇 분입니까?

( )

2 정우는 3시 30분에 책을 읽기 시작하였습니다. 115분 후에 책 읽기를 끝냈다면, 책 읽기를 끝낸 시각은 몇 시 몇 분입니까?

( )

3 효진이는 1시간 25분 동안 공부하였고, 주성이는 효진이보다 140분 더 많이 공부하였습니다. 주성이가 공부한 시간은 몇 시간 몇 분입니까?

( )

규칙이 있는 시간의 합과 차

수현이네 학교는 수업을 45분 동안 하고,[정보 1] 10분씩 쉰다고 합니다.[정보 2] 1교시가 9시 10분에 시작했다면,[정보 3] 4교시 수업이 끝나는 시각은 몇 시 몇 분입니까?(구해야 하는 것)

구해야 하는 것 ▶ 4교시가 끝나는 시각을 구하려고 해요.

필요한 정보 골라내기 ▶ ① 수업을 45분 동안 하고, ② 10분씩 쉰대요. ③ 1교시가 9시 10분에 시작하고요.

문제 해결 방법 찾기 ▶ 45분 동안 수업을 하고, 10분 동안 쉬는 것은 1교시부터 4교시까지 모두 해당되는 사항이에요. 따라서 규칙적으로 똑같은 시간만큼 더해 주면 되겠죠? 그러나 4교시가 끝나는 시각 다음에는 쉬는 시간이 존재하지 않는다는 것에 주의하세요.

답 구하기 ▶

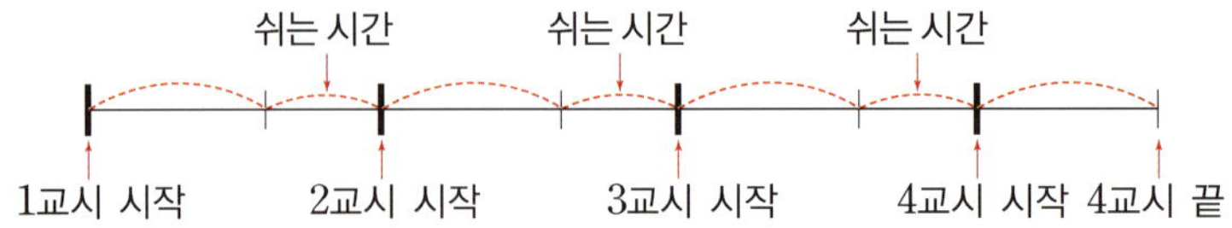

4교시가 끝난 것은 1교시가 시작한 때부터

45분+10분+45분+10분+45분+10분+45분=210분이에요.

210분은 3시간 30분과 같아요.

즉 1교시가 시작한 시각인 9시 10분부터 3시간 30분 후에 4교시가 끝나게 되는 거죠.

9시 10분+3시간30분 =12시 40분

▶ 정답 : 12시 40분

문제 해결의 포인트 4교시 수업이 끝나는 시각을 알려면 마지막 4교시는 쉬는 시간을 더해주지 않는 것에 주의한다.

비슷한 문제

1 축구 경기는 전반전과 후반전에 45분씩 경기를 하고, 중간에 10분을 쉰다고 합니다. 6시 45분에 축구 경기를 시작했다면, 경기가 끝나는 시각은 몇 시 몇 분입니까?

( )

2 농구를 전반전과 후반전으로 나누어 각각 35분씩 했고, 중간에 25분을 쉬었습니다. 농구 경기가 끝난 시각이 4시 10분이면 농구를 시작한 시각은 언제입니까?

( )

낮과 밤의 길이 이용하기

정보 1 오늘 해가 뜬 시각은 오전 6시 25분 50초이었고, 정보 2 해가 진 시각은 오후 6시 34분 25초이었습니다. 오늘 밤의 길이는 몇 시간 몇 분 몇 초입니까? (구해야 하는 것)

구해야 하는 것 ▶ 오늘 밤의 길이를 구하려고 해요.

필요한 정보 골라내기 ▶ ① 해가 뜬 시각은 오전 6시 25분 50초, ② 해가 진 시각은 오후 6시 34분 25초예요. 문제에 나와 있지는 않지만 하루가 24시간인 것은 미리 알고 있어야 하겠죠?

문제 해결 방법 찾기 ▶ 하루에 같은 시각이 2번 와요. 시계의 시침은 하루 종일 2바퀴를 돌잖아요. 그래서 오후의 시각은 오전의 시각에 12시간을 더해요.

그럼 해가 진 시각 오후 6시 34분 25초는 12시간을 더해 18시 34분 25초라고 말할 수 있겠죠? 해가 진 시각에서 해가 뜬 시각을 빼서 먼저 낮의 길이를 구해요. 낮의 길이를 알면 24시간과의 차로 밤의 길이를 구할 수 있어요.

답 구하기 ▶ (낮의 길이)=(해가 진 시각)−(해가 뜬 시각)

=18시 34분 25초−6시 25분 50초=12시간 8분 35초

(밤의 길이)=(24시간)−(낮의 길이)

=24시간−12시간 8분 35초=11시간 51분 25초

▶ 정답 : 11시간 51분 25초

문제 해결의 포인트

- (낮의 길이)=(해가 진 시각)−(해가 뜬 시각)
  하루는 24시간이고, 낮 또는 밤 딱 두 가지다.
- (밤의 길이)=(24시간)−(낮의 길이), (낮의 길이)=(24시간)−(밤의 길이)

비슷한 문제

1 어느 해의 우리 나라의 동짓날 낮의 길이는 9시간 27분 35초이었다고 합니다. 이 날 밤의 길이는 낮의 길이보다 몇 시간 몇 분 몇 초 더 깁니까?

(   )

2 어느 날의 해돋이 시각과 해넘이 시각을 나타낸 것입니다. 이 날의 밤의 길이를 구하시오.

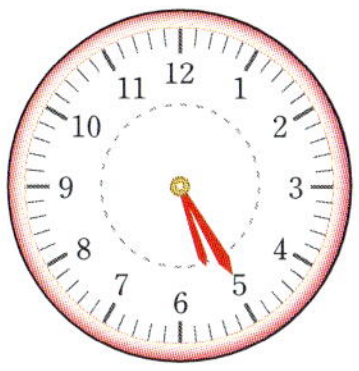

해돋이 시각

해넘이 시각

(   )

빨리 가거나 늦게 가는 시계에 관한 문제

정보 1 12시간에 4분씩 빨라지는 고장 난 시계가 있습니다. 이 시계를 정보 2 오후 3시에 정확히 맞추어 놓았습니다. 정보 3 다음 날 고장 나지 않은 시계가 오전 9시를 가리키고 있다면, 고장 난 시계가 가리키는 시각은 오전 몇 시 몇 분입니까? (구해야 하는 것)

구해야 하는 것 ▶ 고장 난 시계가 가리키는 시각을 구하려고 해요.

필요한 정보 골라내기 ▶ 고장 난 시계는 ①12시간에 4분씩 빨라져요. 고장 난 시계를 정확히 맞춘 시각은 ②오후 3시이고, 다시 확인해 본 시각은 ③다음날 오전 9시예요.

문제 해결 방법 찾기 ▶ 그럼 시계를 정확히 맞춰 놓고 18시간 후에 확인한 거네요.
고장 난 시계는 정확한 시계보다 빨라지니까 18시간 후에 얼마나 빨라졌는지를 알아야 해요.
정확한 시각에서 빨라진 시간만큼을 더해야 하죠.

답 구하기 ▶ 12시간에 4분씩 빨라지므로 12시간의 반인 6시간 동안에는 2분만 빨라질 거예요.
오후 3시부터 다음 날 오전 3시(12시간)까지 4분이 빨라지고, 다음 날 오전 3시부터 9시(6시간) 까지 2분이 빨라지므로 18시간 동안 모두 $4+2=6$(분)이 빨라져요.
따라서 고장 난 시계는 오전 9시에 9시보다 6분 빠른 시각을 가리켜요.

▶ 정답 : 오전 9시 6분

문제 해결의 포인트 시간이 빨라지면 정확한 시각에서 빨라진 시간만큼 지난 시각이고, 시간이 느려지면 정확한 시각에서 느려진 시간만큼 지나지 않은 시각이다.

비슷한 문제

1 하루에 12분씩 늦게 가는 고장난 시계를 오전 8시에 정확히 맞추어 놓았습니다. 다음 날 오후 8시가 되었을 때, 이 시계가 가리키는 시각은 오후 몇 시 몇 분입니까?

( )

2 하루에 2분씩 빨라지는 시계가 있습니다. 8월 1일 낮 12시 정각에 이 시계를 정확히 맞춰 놓았다면, 8월 15일 낮 12시에 이 시계는 몇 시 몇 분을 가리키겠습니까?

( )

들이와 무게의 합과 차

들이에 관한 문제, 무게에 관한 문제를 해결할 수 있다.

유형 68 들이와 무게의 합과 차 | 들이의 합 3-2

소금을 녹여서 (정보 1) 원준이는 소금물 2L 800mL를 만들고, (정보 2) 현수는 3L 600mL를 만들었습니다. 원준이와 현수가 만든 소금물을 한 그릇에 모았습니다. 모은 소금물은 모두 몇 mL입니까? (구해야 하는 것)

구해야 하는 것 ▶ 모은 소금물은 모두 몇 mL인지 구하려고 해요.

필요한 정보 골라내기 ▶ ① 원준이는 소금물 2L 800mL를 만들고, ② 현수는 3L 600mL를 만들었다고 하네요.

문제 해결 방법 찾기 ▶ 두 양을 한 그릇에 모았으니 덧셈으로 계산해요. 단위가 있는 문제이니 단위가 같은지를 확인해 보세요. 두 소금물의 양은 몇 L 몇 mL 단위로 같죠? 같은 단위끼리 더해주기만 하면 돼요. 하지만 답으로는 mL 단위로 나타내야 해요.

답 구하기 ▶ (원준이가 만든 소금물)+(현수가 만든 소금물)

=2L 800mL+3L 600mL=6L 400mL

그 다음 6L 400mL를 mL 단위로 바꿔주세요.

6L=6000mL니까 6L 400mL는 6400mL입니다.

```
   2L   800mL
+  3L   600mL
---------------
   5L  1400mL
   1←1000
---------------
   6L   400mL
```

▶ 정답 : 6400mL

문제 해결의 포인트

- 들이의 합은 L는 L끼리 mL는 mL끼리 더해 준다.
- 계산한 결과의 단위가 구하는 단위와 맞는지 항상 확인한다.
- mL끼리의 합이 1000이거나 1000을 넘으면 1L로 받아올려 준다.

비슷한 문제

1 물통에서 1L 300mL의 물을 사용하고 남은 물이 3L 500mL이었습니다. 처음 물통에 있던 물은 몇 L 몇 mL입니까?

( )

정보 1 / 정보 2

은수는 미숫가루를 섞은 물 3500mL와 밀가루를 섞은 물 2L 300mL를 각각 만들었습니다. 미숫가루를 섞은 물은 밀가루를 섞은 물보다 몇 L 몇 mL 더 많습니까?

구해야 하는 것

구해야 하는 것 ▶ 미숫가루를 섞은 물은 밀가루를 섞은 물보다 몇 L 몇 mL 더 많은지 구하려고 해요.

필요한 정보 골라내기 ▶ ①미숫가루를 섞은 물은 3500mL, ②밀가루를 섞은 물은 2L 300mL가 있어요.

문제 해결 방법 찾기 ▶ 두 양을 비교하는 문제니까 많은 양에서 적은 양을 빼서 구해 줘요.
한 가지 더 생각해야 할 건 단위를 통일한 다음 계산하는 거예요.

답 구하기 ▶ 3500mL는 3L 500mL네요. 그럼 2L 300mL보다 많은 양이죠?
미숫가루를 섞은 물과 밀가루를 섞은 물의 차를 구하면
3500mL－2L 300mL
＝3L 500mL－2L 300mL＝1L 200mL가 된답니다.

$$\begin{array}{r} 3\text{L } 500\text{mL} \\ -\ 2\text{L } 300\text{mL} \\ \hline 1\text{L } 200\text{mL} \end{array}$$

▶ 정답 : 1L 200mL

문제 해결의 포인트 단위가 서로 다르면, 몇 L 몇 mL 또는 mL 단위로 통일한 다음, L는 L끼리 mL는 mL끼리 빼 준다.
mL끼리 뺄 수 없을 때에는 1L를 1000mL로 받아내려 계산한다.

비슷한 문제

1 일찬이네 가족은 어제는 우유를 1L 400mL 마시고, 오늘은 2L 500mL 마셨습니다. 일찬이네 가족이 오늘 마신 우유는 어제 마신 우유보다 몇 L 몇 mL 더 많습니까?

(　　　　　　)

2 비어 있는 양동이에 3L 600mL의 물을 부었더니 1L 250mL의 물이 넘쳐 흘렀습니다. 양동이에 가득 들어 있는 물은 몇 L 몇 mL입니까?

(　　　　　　)

3 수조에 뜨거운 물이 8L 750mL 들어 있습니다. 이 수조에 찬물을 섞었더니 모두 12L 260mL가 되었습니다. 찬물은 몇 L 몇 mL입니까?

(　　　　　　)

유형 70 들이와 무게의 합과 차 — 들이의 합과 차

정보 1 / 정보 2

(나) 물통의 들이는 (가) 물통보다 8L 750mL 더 작고, (다) 물통의 들이는 (가) 물통보다 2L 600mL 더 큽니다. (나) 물통의 들이는 (다) 물통보다 몇 L 몇 mL 더 작습니까?

구해야 하는 것

구해야 하는 것 ▶ (나) 물통은 (다) 물통보다 몇 L 몇 mL 더 작은지 구하려고 해요.

필요한 정보 골라내기 ▶ ① (나) 물통의 들이는 (가) 물통보다 8L 750mL 더 작고, ② (다) 물통의 들이는 (가) 물통보다 2L 600mL 더 크다고 했어요.

문제 해결 방법 찾기 ▶ (나) 물통은 (가) 물통보다 들이가 작고, (다) 물통은 (가) 물통보다 들이가 크죠? 들이가 작은 순서대로 써보면 (나)<(가)<(다)가 됩니다. 들이의 비교가 (가) 물통을 기준으로 이루어졌어요. 이제 문제의 말을 식으로 세워 볼까요?

답 구하기 ▶ (나) 물통의 들이는 (가) 물통보다 8L 750mL 더 작으므로 (나)=(가)−8L 750mL의 식으로, (다) 물통의 들이는 (가) 물통보다 2L 600mL 더 크므로 (다)=(가)+2L 600mL의 식으로 나타낼 수 있겠죠.

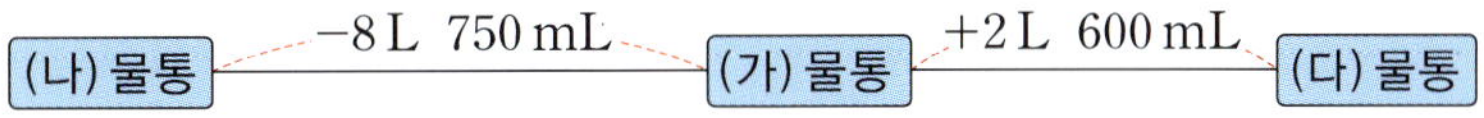

(나) 물통은 (다) 물통보다 8L 750mL+2L 600mL=11L 350mL만큼 작아요.

▶ 정답 : 11L 350mL

문제 해결의 포인트 (가), (나), (다) 물통 사이의 관계에서 기준이 되는 (가) 물통을 찾아내는 것이 우선이다.

비슷한 문제

1 들이가 다른 물병과 주전자가 있습니다. 물병의 들이는 주전자의 들이보다 1L 400mL 더 작고, 물병과 주전자의 들이의 합은 3200mL입니다. 주전자의 들이는 몇 L 몇 mL입니까?

(　　　　　　　)

2 진수와 영준이는 주스 1L 500mL를 나누어 마셨습니다. 진수가 영준이보다 300mL를 더 마셨다면, 영준이가 마신 주스는 몇 mL입니까?

(　　　　　　　)

3 1800mL 들이 우유 2통을 6일 동안 400mL씩 똑같이 나누어 마셨습니다. 남은 우유는 몇 L 몇 mL입니까?

(　　　　　　　)

무게의 합

정보 1 지혜의 몸무게는 36kg 700g이고, 정보 2 검도 복장의 무게는 3kg 400g입니다. 지혜가 검도 복장을 입었을 때의 무게는 몇 kg 몇 g입니까?

구해야 하는 것

구해야 하는 것 ▶ 지혜가 검도 복장을 입었을 때의 무게를 구하려고 해요.

필요한 정보 골라내기 ▶ 1 몸무게는 36kg 700g이고, 2 검도 복장의 무게는 3kg 400g이라고 하네요.

문제 해결 방법 찾기 ▶ 검도 복장을 입고 몸무게를 재면 사람의 몸무게에 검도 복장의 무게가 더해지겠죠?
무게의 덧셈을 해 보세요.

답 구하기 ▶ (지혜의 몸무게)+(검도 복장의 무게)
=36kg 700g+3kg 400g
=40kg 100g

	36kg	700g
+	3kg	400g
	39kg	1100g
	1 ←	1000
	40kg	100g

▶ 정답 : 40kg 100g

문제 해결의 포인트

- 무게의 합을 구할 때에는 kg은 kg끼리 g은 g끼리 더해 준다.
- 어떤 옷을 입고 무게를 잴 때 옷의 무게는 그대로 몸무게에 더해 주어야 한다.

비슷한 문제

1 폐휴지를 미영이는 2kg 800g을 가지고 오고, 지현이는 3kg 400g을 가지고 왔습니다. 두 사람이 가지고 온 폐휴지는 모두 몇 kg 몇 g입니까?

( )

2 윤서 어머니께서 오늘 사과 2kg 800g과 배 4kg 300g을 사 오셨습니다. 사과와 배의 무게의 합은 몇 g입니까?

( )

3 감자의 무게를 쟀더니 5kg 600g이었습니다. 고구마의 무게를 쟀더니 감자의 무게보다 3700g이 더 무거웠습니다. 고구마의 무게는 몇 g입니까?

( )

정보 1 수영이의 몸무게는 32kg 500g입니다. 정보 2 수영이가 가방을 메고, 저울 위에 올라갔더니 36kg 200g을 가리켰습니다. 가방의 무게는 몇 g입니까?

구해야 하는 것

구해야 하는 것 ▶ 가방의 무게는 몇 g인지 구하려고 해요.

필요한 정보 골라내기 ▶ ① 수영이의 몸무게는 32kg 500g이고, ② 수영이가 가방을 메고, 저울 위에 올라갔더니 36kg 200g을 가리켰다고 하네요.

문제 해결 방법 찾기 ▶ 수영이가 가방을 메고 잰 무게에서 수영이의 몸무게를 빼 주면 가방의 무게가 나와요.

답 구하기 ▶ 그럼 계산을 해 볼까요?

(가방의 무게)=(가방을 멘 수영이의 무게)−(수영이의 몸무게)

=36kg 200g−32kg 500g=3kg 700g

단위가 있는 계산에서는 답을 구하고 나면 항상 질문한 단위가 맞는지 확인해야 해요.

	35	1000
	36kg	200g
−	32kg	500g
	3kg	700g

가방의 무게가 몇 g인지를 물었기 때문에 문제에서 원하는 형식으로 답을 나타내 주어야 해요.

1kg은 1000g이므로 3kg 700g은 3700g이에요.

▶ 정답 : 3700g

문제 해결의 포인트

- 무게의 차를 구할 때에는 kg은 kg끼리 g은 g끼리 빼 준다.
- 가방을 메고 잰 무게에서 몸무게를 빼 주면 가방의 무게가 나온다.

비슷한 문제

1 책을 담은 상자의 무게가 15kg 600g입니다. 상자만의 무게가 1kg 300g이라면, 책만의 무게는 몇 kg 몇 g입니까?

( )

2 일현이와 대희는 함께 고구마 11kg 400g을 캤습니다. 일현이가 캔 고구마가 6kg 900g이라면, 대희가 캔 고구마는 몇 kg 몇 g입니까?

( )

3 물이 든 병의 무게가 10kg 500g이고, 병만의 무게가 1kg 900g이라면, 물의 무게는 몇 kg 몇 g입니까?

( )

무게의 합과 차(1)

정보 1 한경이가 강아지를 안고 무게를 재면 35kg 400g이고, 정보 2 재우가 강아지를 안고 무게를 재면 31kg 800g입니다. 정보 3 한경이와 재우의 몸무게의 합이 61kg 200g이라면, 강아지 한 마리의 무게는 몇 kg입니까?

구해야 하는 것

구해야 하는 것 ▶ 강아지의 무게는 몇 kg 몇 g인지 구하려고 해요.

필요한 정보 골라내기 ▶ 1 한경이가 강아지를 안고 무게를 재면 35kg 400g이고, 2 재우가 강아지를 안고 무게를 재면 31kg 800g이래요. 3 또 한경이와 재우의 몸무게의 합이 61kg 200g이라고 하네요.

문제 해결 방법 찾기와 답 구하기 ▶ 문제에서 제시된 대로 식을 세워 봅니다.

(한경이의 몸무게)+(강아지의 무게)=35kg 400g

(재우의 몸무게)+(강아지의 무게)=31kg 800g

두 식을 더해 보세요.

(한경이의 몸무게)+(재우의 몸무게)+(강아지 2마리의 무게)

=35kg 400g+31kg 800g=67kg 200g이라는 식이 나와요.

(한경이의 몸무게)+(재우의 몸무게)=61kg 200g이니까 위의 식에 넣어 계산해 보면

(강아지 2마리의 무게)=67kg 200g−61kg 200g=6kg

강아지 2마리의 무게가 6kg이니까 강아지 한 마리의 무게는 3kg이 된답니다.

▶ 정답 : 3kg

문제 해결의 포인트

- (한경이의 몸무게)+(강아지의 무게) = A, (재우의 몸무게)+(강아지의 무게)=B일 때 새로운 식 (한경이의 몸무게)+(강아지의 무게)+(재우의 몸무게)+(강아지의 무게) =A+B를 만들 수 있다.
- (한경이의 몸무게)+(재우의 몸무게)+(강아지의 몸무게)+(강아지의 몸무게)=C에서 (한경이의 몸무게)+(재우의 몸무게)=D임을 알면, D+(강아지의 몸무게)+(강아지의 몸무게)=C임을 알 수 있다.

비슷한 문제

1 근영이의 몸무게는 31kg 200g입니다. 소희는 근영이보다 2kg 700g 가볍고, 효원이는 소희보다 3kg 600g 무겁습니다. 효원이의 몸무게는 몇 kg 몇 g입니까?

(   )

무게의 합과 차(2)

무게가 똑같은 감자 12개를 그릇에 담아 무게를 쟀더니 15kg 600g이었습니다. 그중에서 감자 6개를 먹고, 무게를 쟀더니 8kg 400g이었습니다. 그릇만의 무게는 몇 kg 몇 g입니까?

(정보 1: 감자 12개를 그릇에 담아 무게를 쟀더니 15kg 600g / 정보 2: 감자 6개를 먹고, 무게를 쟀더니 8kg 400g / 구해야 하는 것: 그릇만의 무게는 몇 kg 몇 g)

구해야 하는 것 ▶ 그릇만의 무게를 구하려고 해요.

필요한 정보 골라내기 ▶ ① 무게가 똑같은 감자 12개를 그릇에 담아 무게를 재면 15kg 600g이고, ② 감자 6개를 먹고, 무게를 재면 8kg 400g이었다고 하네요.

문제 해결 방법 찾기 ▶ 15kg 600g은 감자 12개와 그릇의 무게이고, 8kg 400g은 감자 6개와 그릇의 무게예요.
따라서 이 두 무게의 차를 구하면 감자 6개만의 무게를 구할 수 있어요.
감자 6개를 담은 그릇의 무게에서 감자 6개의 무게를 빼면 그릇만의 무게도 구할 수 있는 거죠.

답 구하기 ▶ (감자 6개의 무게)=(감자 12개를 담은 그릇의 무게)−(감자 6개를 담은 그릇의 무게)
=15kg 600g−8kg 400g=7kg 200g
(그릇만의 무게)=(감자 6개를 담은 그릇의 무게)−(감자 6개의 무게)
=8kg 400g−7kg 200g=1kg 200g

▶ 정답 : 1kg 200g

문제 해결의 포인트 이런 문제에서는 그릇의 무게가 더해진 무게인지 아닌지를 먼저 판단한다.

비슷한 문제

1 무게가 똑같은 참외 4개를 그릇에 담아 무게를 쟀더니 1kg 900g이었습니다. 참외 3개를 더 넣고 무게를 재어 보니 3kg 100g이었습니다. 그릇만의 무게는 몇 g입니까?

(　　　　　　)

2 무게가 똑같은 사과 10개를 접시에 담아 무게를 쟀더니 5kg 400g이었습니다. 이중 5개를 먹고 무게를 쟀더니 2kg 900g이었습니다. 접시만의 무게는 몇 g입니까?

(　　　　　　)

연산

플러스 확인 문제

1 네 자리 수 중 천의 자리의 숫자가 7인 둘째로 작은 수와 백의 자리의 숫자가 3인 둘째로 큰 수의 차를 구하시오.

(　　　　　　　　)

2 진석이는 5, 3, 8의 숫자 카드를, 민준이는 9, 2, 6의 숫자 카드를 가지고 있습니다. 가지고 있는 숫자 카드를 한 번씩 사용하여 세 자리 수를 만들 때, 두 수의 합이 가장 작은 경우의 합을 구하시오.

(　　　　　　　　)

3 어느 꽃집에서 장미를 어제는 1564송이 팔았고, 오늘은 어제보다 789송이 더 팔았습니다. 꽃집에서 어제와 오늘 판 장미는 모두 몇 송이입니까?

(　　　　　　　　)

4 지연이는 2580원을 가지고 있습니다. 성민이는 지연이보다 890원 더 많이 가지고 있고, 창현이는 지연이와 성민이가 가진 돈의 합보다 3750원 더 많이 가지고 있습니다. 창현이가 가진 돈은 얼마입니까?

(　　　　　　　　)

5 화단에 벚꽃 314송이가 피었습니다. 일주일이 지나자 벚꽃 157송이가 떨어지고, 장미 269송이가 피었습니다. 화단에 피어 있는 꽃은 모두 몇 송이입니까?

(　　　　　　　　)

6 진성이는 구슬 376개를 가지고 있습니다. 이중에서 157개를 동생에게 주었고, 형에게서 139개를 받았다면 진성이가 가지고 있는 구슬은 모두 몇 개입니까?

(　　　　　　　　)

7 가을이네 과수원에서는 사과를 수확하였습니다. 그중에서 645개를 이웃집에 나누어 주고, 3876개를 시장에 내다 팔았더니 처음 수확한 사과의 반이 남았습니다. 가을이네 과수원에서 처음 수확한 사과는 몇 개입니까?

( )

8 민서의 돼지저금통에는 1000원짜리 지폐가 6장, 100원짜리 동전이 8개, 10원짜리 동전이 4개 들어 있습니다. 어제 3750원을 꺼내서 생일 선물을 사고, 오늘 어머니께 받은 용돈 2620원을 더 넣었습니다. 지금 돼지저금통에 들어 있는 돈은 얼마입니까?

( )

9 영민이네 학교 3학년 학생은 294명, 4학년 학생은 352명입니다. 1학년 학생 수와 4학년 학생 수의 합은 2학년 학생 수와 3학년 학생 수를 합한 수와 같을 때, 1학년 학생 수와 2학년 학생 수의 차를 구하시오.

( )

10 축구 경기장에 입장한 사람은 남자는 3420명이었고, 여자는 남자보다 879명 적었습니다. 여자 중에 어른이 1563명이었다면, 여자 어린이는 몇 명입니까?

( )

11 호준, 태윤, 유진 3명이 딱지를 가지고 있습니다. 딱지를 호준이는 태윤이보다 173장 적게 가지고 있고, 태윤이는 유진이보다 362장 더 가지고 있습니다. 호준이와 유진이가 가지고 있는 딱지 수의 차는 몇 장입니까?

( )

12 동물원에 어제와 오늘 입장한 사람 수를 조사하였더니 오늘은 어제보다 582명 더 많이 입장하였고, 어제와 오늘 입장한 사람 수는 모두 7042명이라고 합니다. 어제 입장한 사람은 몇 명입니까?

( )

13 숫자 카드를 한 번씩 사용하여 자연수 부분이 한 자리 수이고, 분모가 12인 대분수를 만들었을 때, 만들 수 있는 두 대분수의 합을 구하시오.

2 1 5 8

( )

14 사과 주스가 $4\frac{5}{7}$ L 있습니다. 소연이네 모둠 학생들이 $1\frac{3}{7}$ L를 마셨고, 지섭이네 모둠 학생들이 $\frac{10}{7}$ L를 마셨습니다. 남은 주스는 몇 L입니까?

( )

15 길이가 각각 9cm인 색 테이프 4장이 있습니다. 이 색 테이프를 $1\frac{3}{5}$ cm씩 겹쳐서 이었습니다. 이은 전체 길이는 몇 cm입니까?

( )

16 소민이는 한 소수를 생각하고 있습니다. 소민이가 생각하고 있는 수에서 0.269를 뺀 값은 5에서 2.378을 뺀 수와 같습니다. 소민이가 생각하고 있는 소수를 구하시오.

( )

17 은주의 100m 달리기 기록은 18.4초입니다. 형진이는 은주보다 1.8초 빠르고, 승훈이는 형진이보다 0.9초 느리다고 합니다. 승훈이의 100m 달리기 기록은 몇 초입니까?

( )

18 민재는 몇 kg인지 모르는 지우개를 1개 가지고 있고, 혜경이는 0.12kg짜리 큰 지우개를 가지고 있습니다. 또 민재는 0.015kg짜리 연필을 4자루 가지고 있고, 혜경이는 0.017kg짜리 연필을 3자루 가지고 있습니다. 두 사람이 가지고 있는 연필과 지우개를 모두 모아 무게를 재어 보았더니 0.301kg이었습니다. 민재의 지우개의 무게는 몇 kg입니까?

( )

19 현아네 집에서 보건소까지의 거리는 2675m입니다. 학교는 보건소보다 865m 더 가깝고, 경찰서는 학교보다 1km 379m 더 멉니다. 현아네 집에서 경찰서까지의 거리는 몇 m입니까?

(　　　　　　　　)

20 정민이는 15분 동안에 1080m를 걸을 수 있습니다. 같은 빠르기로 1시간 동안 걸으면 몇 km 몇 m를 갈 수 있습니까?

(　　　　　　　　)

21 지금은 5월 4일 오후 8시 45분입니다. 지금부터 320분 후의 날짜와 시각을 구하시오.

(　　　　　　　　　　　　　　)

22 재희네 학교는 9시에 1교시 수업을 시작해서 40분 동안 수업을 하고 10분 동안 쉽니다. 4교시 수업을 마치는 시각을 구하시오.

(　　　　　　　　)

23 비어 있는 양동이에 3L의 물을 부었더니 1L 630mL의 물이 넘쳐 흘렀습니다. 양동이에 가득 들어 있는 물은 몇 L 몇 mL입니까?

(　　　　　　　　)

24 귤 4kg 500g과 사과 7kg 800g을 담은 상자의 무게를 재어 보니 14kg 200g이었습니다. 상자만의 무게는 몇 kg 몇 g입니까?

(　　　　　　　　)

곱셈 1

(두)×(한), (세)×(한), (두)×(두), (세)×(두), (네)×(두)의 다양한 형태의 곱셈 문제를 해결할 수 있다.

유형 75 곱셈 1 (두 자리 수)×(한 자리 수), (세 자리 수)×(한 자리 수) 3-1, 3-2

정보 1 자두 맛 사탕은 한 봉지에 15개씩, 정보 2 포도 맛 사탕은 한 봉지에 12개씩 들어 있습니다. 자두 맛 사탕 6봉지에는 모두 몇 개의 사탕이 들어 있습니까?

구해야 하는 것

구해야 하는 것 ▶ 자두 맛 사탕 6봉지에 들어 있는 사탕 수를 구하려고 해요.

필요한 정보 골라내기 ▶ ①자두 맛 사탕은 한 봉지에 15개씩 들어 있어요. ②포도 맛 사탕이 한 봉지에 12개씩 들어 있다는 것은 답을 구하는 데 필요 없는 정보입니다. 이처럼 필요한 정보를 골라내는 것도 꼭 필요한 능력이에요.

문제 해결 방법 찾기 ▶ 자두 맛 사탕이 한 봉지에 15개씩 6봉지 있으니까 15의 6배겠죠?
15의 6배는 곱셈으로 간단히 구할 수 있습니다.
곱하는 수를 곱해지는 수의 일의 자리부터 차례로 곱해요.
올림이 생기면 바로 윗자리에 작게 써 주세요.

$$\begin{array}{r} 1\,5 \\ \times\ {}^{3}6 \\ \hline 9\,0 \end{array}$$

답 구하기 ▶ (전체 자두 맛 사탕 수)
=(한 봉지의 자두 맛 사탕 수)×(봉지 수)
=15×6=90(개)
따라서 6봉지에 들어 있는 자두 맛 사탕은 모두 90개예요.

▶ 정답 : 90개

문제 해결의 포인트 ▲개씩 ●봉지=▲의 ●배=▲×●

비슷한 문제

1 재현이 어머니께서는 한 판에 30개인 계란을 6판 사셨습니다. 계란은 모두 몇 개입니까?

( )

2 미술 시간에 성현이는 철사로 한 변의 길이가 285cm인 정삼각형 모양을, 준호는 철사로 한 변의 길이가 176cm인 정사각형 모양을 만들었습니다. 성현이와 준호가 사용한 철사의 길이는 모두 몇 cm입니까?

( )

정보 1 / 정보 2

성수네 학교 학생들이 운동장에 36명씩 45줄로 서 있습니다. 그중에서 남학생은 27명씩 34줄로 서 있습니다. 여학생은 모두 몇 명입니까?

구해야 하는 것

구해야 하는 것 ▶ 여학생이 모두 몇 명인지 구하려고 해요.

필요한 정보 골라내기 ▶ ①학생들이 36명씩 45줄로 서 있고, 그중에서 ②남학생은 27명씩 34줄로 서 있다고 하네요.

문제 해결 방법 찾기 ▶ 학생은 남학생 또는 여학생으로 구성되어 있죠? 그러니까 전체 학생 수에서 남학생 수를 빼면 여학생 수를 구할 수 있어요.

답 구하기 ▶ 전체 학생 수와 남학생 수를 각각 구해 봅시다.

(전체 학생 수)$=36\times45=1620$(명)

(남학생 수)$=27\times34=918$(명)

$$\begin{array}{r} 36 \\ \times\ 45 \\ \hline 180 \\ 144 \\ \hline 1620 \end{array} \qquad \begin{array}{r} 27 \\ \times\ 34 \\ \hline 108 \\ 81 \\ \hline 918 \end{array}$$

전체 학생 수에서 남학생 수를 빼서 여학생 수를 구하면 돼요.

(여학생 수)$=$(전체 학생 수)$-$(남학생 수)$=1620-918=702$(명)

▶ 정답 : 702명

문제 해결의 포인트

- 두 자리 수끼리의 곱셈에서는 곱해지는 수와 곱하는 수의 일의 자리의 곱과 십의 자리의 곱을 각각 계산한 후 두 값을 더해 준다.
- 전체 학생 수가 ▲명이고, 그중 남학생 수가 ★명이면 (▲−★)가 바로 여학생 수이다.

비슷한 문제

1 ㈎ 장난감 공장에서는 한 시간에 장난감을 68개 만들고, ㈏ 장난감 공장에서는 한 시간에 장난감을 74개 만든다고 합니다. 두 공장에서 쉬지 않고 하루에 만들 수 있는 장난감은 모두 몇 개입니까?

(　　　　　　)

2 줄넘기를 승연이는 하루에 85번씩 45일 동안 넘었고, 진욱이는 하루에 90번씩 40일 동안 넘었습니다. 누가 줄넘기를 몇 번 더 많이 넘었습니까?

(　　　　　,　　　　　)

3 운동장에 3학년 학생들이 한 줄에 12명씩 37줄, 4학년 학생들이 16명씩 28줄로 서 있습니다. 3학년과 4학년 학생은 모두 몇 명입니까?

(　　　　　　)

유형 77 곱셈 1 (몇백)×(몇백)

정보 1 정보 2 정보 3

박물관의 입장료가 어른은 700원, 어린이는 400원입니다. 오늘 어른 300명과 어린이 800명이 입장하였다면, 박물관에서 오늘 받은 입장료는 모두 얼마입니까?

구해야 하는 것

구해야 하는 것 ▶ 박물관에서 오늘 받은 입장료가 모두 얼마인지 구하려고 해요.

필요한 정보 골라내기 ▶ 박물관의 입장료가 ①어른은 700원, ②어린이는 400원이에요. ③오늘 어른 300명과 어린이 800명이 입장하였다고 하네요.

문제 해결 방법 찾기 ▶ 300명이 700원씩 내고, 800명이 400원씩 내야 해요.
각각의 금액은 곱해서 구할 수 있고, 두 값을 더하면 전체 금액이 될 거예요.

답 구하기 ▶ 자 그럼 계산을 해 볼까요?
(몇백)×(몇백)은 (몇)×(몇)에 0을 4개 더 붙이면 아주 간단하게 알 수 있어요.
(어른의 입장료)=300×700=210000(원)
3×7=21에 0을 4개 더 붙여서 210000이 되었어요.
(어린이의 입장료)=800×400=320000(원)
8×4=32에 0을 4개 더 붙여서 320000이 되었어요.
이제 두 금액을 더해 주세요.
210000+320000=530000(원)

▶ 정답 : 530000원

문제 해결의 포인트 (몇백)×(몇백)은 (몇)×(몇)에 곱해지는 수와 곱하는 수의 0의 개수의 합만큼 0을 붙여 준다.

비슷한 문제

1 지영이는 저금통에 100원짜리 동전 700개와 500원짜리 동전 400개를 모았습니다. 지영이가 저금통에 모은 돈은 모두 얼마입니까?

(　　　　　　　　)

2 주성이는 하루에 물을 900mL씩 마시고, 우유를 400mL씩 마십니다. 주성이가 300일 동안 마신 물은 우유보다 몇 mL 더 많습니까?

(　　　　　　　　)

은영이는 가족과 미국 여행을 위해 돈을 바꾸려고 합니다, 오늘의 환율은 1달러에 936원이라고 합니다. 65달러를 바꾸려면 원화로 얼마가 필요합니까?

정보 1 / 구해야 하는 것

구해야 하는 것 ▶ 65달러가 원화로 얼마인지 구하려고 해요.

필요한 정보 골라내기 ▶ 오늘의 환율은 1달러에 936원이고, 모두 65달러를 바꾸려고 해요.

문제 해결 방법 찾기 ▶ 이런 문제를 해결할 때 먼저 문제의 의미를 이해하는게 중요해요. 각 나라마다 돈의 단위와 값어치가 달라요. 그래서 100원이 100달러가 되는 건 아니랍니다. 각 나라마다 환율이 있어서 돈을 교환할 때 기준이 필요해요.

여기서는 1달러일 때 이것은 원화로 936원의 값어치가 있다는 것이므로 65달러는 936원의 65배를 해 주면 된답니다.

답 구하기 ▶ 자 그럼 계산을 해 볼까요?

(65달러를 바꾸는데 필요한 원화)

=(1달러를 바꾸는데 필요한 원화)×(바꾸려는 달러)

=936×65=60840(원)

$$\begin{array}{r} 936 \\ \times\ \ 65 \\ \hline 4680 \\ 5616\ \ \\ \hline 60840 \end{array}$$

▶ 정답 : 60840원

문제 해결의 포인트

- (세 자리 수)×(두 자리 수), (네 자리 수)×(두 자리 수)의 계산은 곱하는 수를 일의 자리와 십의 자리로 나누어 곱한 후, 각 자리의 값을 더한다.
- 원화와 달러의 가치가 다르므로 바꾸려는 달러만큼 1달러의 환율을 곱해 주면 원화의 가치가 나온다.

비슷한 문제

1 하루에 428km씩 달리는 자동차가 있습니다. 이 자동차가 7월과 8월 두 달 동안 달리면, 모두 몇 km를 달리게 됩니까?

( )

2 1분에 1325m를 달리는 기차가 있습니다. 이 기차의 빠르기가 일정할 때 1시간 35분 동안에는 모두 몇 m를 달리겠습니까?

( )

유형 79 곱셈 1 세 수의 곱셈

수림이는 1시간에 20개의 영어 단어를 외운다고 합니다. 하루에 3시간씩 영어 단어를 외운다면, 수림이가 10월 한 달 동안 외울 수 있는 영어 단어는 모두 몇 개입니까?

정보 1 정보 2 구해야 하는 것

구해야 하는 것 ▶ 수림이가 10월 한 달 동안 외울 수 있는 영어 단어는 모두 몇 개인지 구하려고 해요.

필요한 정보 골라내기 ▶ 수림이는 1시간에 20개, 하루에 3시간씩 영어 단어를 외운다고 하네요.
10월 한 달 동안이니까 10월의 날수를 생각해 보세요.

문제 해결 방법 찾기 ▶ 문제에는 나와 있지 않지만 10월은 31일까지란 것을 이미 알고 있어야 해요. 곱셈식으로 영어 단어를 하루에 몇 개 외우는지, 31일 동안에는 몇 개를 외우는지 구할 수 있어요.

답 구하기 ▶ 그럼 먼저 하루에 외우는 영어 단어 수를 구해 볼까요?
(1시간에 외우는 영어 단어 수) × (하루에 외우는 시간) = 20 × 3 = 60(개)
이제 10월 한 달 동안 외울 수 있는 영어 단어 수는
(하루에 외우는 영어 단어 수) × (10월의 날수) = 60 × 31 = 1860(개)
이것을 하나의 식으로 나타내어 풀면 계산이 간단해져요.
(1시간에 외우는 영어 단어 수) × (하루에 영어 단어를 외우는 시간) × (10월의 날수)
= 20 × 3 × 31 = 60 × 31 = 1860(개)

▶ 정답 : 1860개

문제 해결의 포인트

- 한꺼번에 세 수를 곱하기 쉽지 않다. 따라서 두 수를 먼저 곱하고, 나온 값에 나머지 한 수를 곱한다.
- (　　)가 없는 곱셈의 계산 순서는 상관이 없다.

비슷한 문제

1 준혁이는 매일 윗몸일으키기를 35회씩 2주일 동안 했습니다. 준혁이는 윗몸일으키기를 모두 몇 회 했습니까?

(　　　　　　　　)

2 승규는 할머니 댁에 가는 기차를 타러 역에 갔습니다. 평일이라 역에 사람이 별로 없어서 기차 한 칸에 사람이 6명씩 타고 있습니다. 8칸씩 붙어 있는 기차 3대에 타고 있는 사람은 모두 몇 명입니까?

(　　　　　　　　)

곱셈 2

여러 가지 다양한 상황에서의 곱셈에 관한 실생활 문제를 해결할 수 있다.

유형 80 곱셈 2 기준이 되는 양을 이용해 필요한 양 구하기 4-1

고속도로 휴게소에 9분 동안에 36개의 호두 과자를 만드는 기계가 있습니다. 이 기계로 1시간 12분 동안 만들 수 있는 호두 과자는 모두 몇 개입니까?

(정보 1: 9분 동안에 36개의 / 구해야 하는 것: 1시간 12분 동안 만들 수 있는 호두 과자)

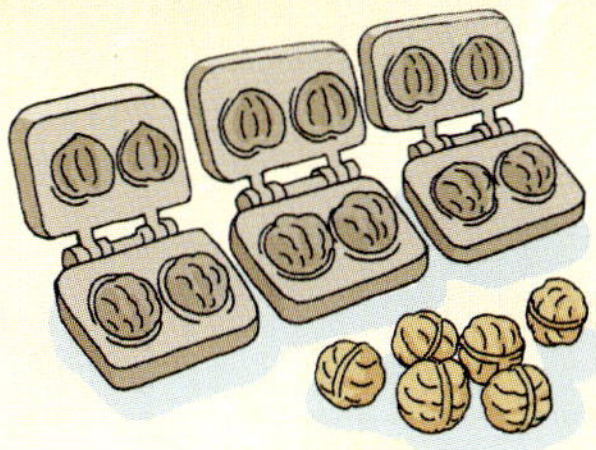

구해야 하는 것 ▶ 1시간 12분 동안 만들 수 있는 호두 과자가 모두 몇 개인지 구하려고 해요.

필요한 정보 골라내기 ▶ 기계는 9분 동안에 36개의 호두 과자를 만들어요.

문제 해결 방법 찾기 ▶ 기준이 되는 시간 단위(9분) 동안 만들 수 있는 호두 과자 수를 이용하여 주어진 시간(1시간 12분) 동안 만들 수 있는 호두 과자 수를 구해 볼까요?

답 구하기 ▶ 먼저 호두 과자를 만드는 시간 단위가 '분' 이니까 1시간 12분을 분 단위로 고칩니다.

1시간 12분 $=$ 60분 $+$ 12분 $=$ 72분

72분은 9분의 8배예요. 따라서 만들 수 있는 호두 과자의 수도 8배가 되겠죠?

72분 동안 만들 수 있는 호두 과자 수는 $36 \times 8 = 288$(개)랍니다.

여기서, 9분을 기준으로 사용하지 않고, 호두 과자를 1분 동안 얼마만큼 만드는지를 생각하여 72를 곱할 수도 있어요. 9분에 36개를 만드니까 1분에는 $36 \div 9 = 4$(개)를 만들고, 72분 동안에는 $72 \times 4 = 288$(개)를 만들어요.

▶ 정답 : 288개

문제 해결의 포인트 같은 속도로 생산한다면, 시간이 2배가 될 때 생산량도 2배가 된다.

비슷한 문제

1 어느 가방 공장에서 15분 동안에 27개의 가방을 만들어 낸다고 합니다. 같은 빠르기로 2시간 30분 동안에는 몇 개의 가방을 만들어 낼 수 있습니까?

( )

주어진 수에 가까운 곱셈식 만들기

정보 1

호준이네 과수원에서는 한 상자에 사과를 54개씩 넣어 내다 팔려고 합니다. 사과 400개를 모두 상자에 넣으려면, 상자는 적어도 몇 개 필요합니까?

구해야 하는 것

구해야 하는 것 ▶ 사과 400개를 넣는 데 필요한 상자 수를 구하려고 해요.

필요한 정보 골라내기 ▶ 한 상자에 사과를 54개씩 넣는대요.

문제 해결 방법 찾기 ▶ 전체 개수에 맞춰 구하려고 하는 개수를 예상하여 답을 구하는 문제예요. 그 과정에서 곱셈을 이용하는 거죠.

다시 말해 54에 어떤 수를 곱해서 400을 넘지 않으면서 가장 가까운 수를 찾는 문제예요.

답 구하기 ▶ 상자의 수를 □라고 하여 54×□의 곱이 400에 가까운 경우를 찾아보세요.

$54 \times 6 = 324$, $54 \times 7 = 378$, $54 \times 8 = 432$

여기서 상자가 6개나 7개가 되면 사과를 모두 담을 수는 없겠죠? 사과는 400개니까요. 상자가 8개가 되면 7상자에 꽉 채우고 마지막 상자에 사과가 꽉 채워지진 않아요.

상자가 더 많아도 될 거예요. 하지만 문제에서 사과를 넣으려면 상자는 '적어도' 몇 개가 필요하냐고 질문하였기 때문에 최소한의 개수인 8개를 구하면 돼요.

또 이 문제는 나눗셈을 이용할 수 있어요.

$400 \div 54 = 7 \cdots 22$

이 식은 사과를 7상자에 54개씩 가득 넣고 22개가 남는다는 뜻이에요. 남은 22개도 넣으려면 상자가 1개 더 필요하겠죠? 그래서 상자는 적어도 8개가 있어야 하는 거예요.

▶ 정답 : 8개

문제 해결의 포인트 문제에서 '적어도', '최소한' 이란 말이 나오면 조건을 만족하는 수 중 가장 작은 수를 구한다.

비슷한 문제

1 43에 어떤 수를 곱하여 160에 가장 가까운 수를 만들었습니다. 이때 곱한 수는 무엇입니까?

(　　　　　　)

2 28에 어떤 수를 곱하여 250에 가장 가까운 수를 만들었습니다. 어떤 수에 82를 곱하면 얼마입니까?

(　　　　　　)

끈의 전체 길이 구하기

정보 1 / 정보 2 / 정보 3

민재는 길이가 50cm인 끈 16개를 한 줄로 길게 이으려고 합니다. 끈을 이을 매듭 부분은 묶이는 양쪽 끈에서 각각 4cm씩 필요하다고 합니다. 끈을 모두 이었을 때 전체 길이는 몇 cm입니까?

구해야 하는 것

구해야 하는 것 ▶ 매듭으로 끈을 모두 이었을 때 전체 길이가 몇 cm인지 구하려고 해요.

필요한 정보 골라내기 ▶ 끈의 길이는 50cm이고, 모두 16개를 한 줄로 길게 이으려고 해요. 이때 매듭 부분은 양쪽 끈에서 각각 4cm씩 필요하다고 하네요. 매듭 하나에 끈 8cm가 사용된다는 의미랍니다.

문제 해결 방법 찾기 ▶ 끈의 길이의 합에서 매듭에 사용된 부분의 길이를 빼면 매듭으로 이은 전체 끈의 길이를 알 수 있어요.

답 구하기 ▶ 또한 16개 끈의 전체 길이는 끈 한 개의 길이와 끈의 개수와의 곱으로 쉽게 알 수 있지요.

50cm짜리 끈 16개의 전체 길이는 $50 \times 16 = 800$(cm)가 나와요.

끈 16개를 이으면 매듭은 몇 군데 생길지 생각해 보세요. 2개를 이으면 매듭은 한 군데, 3개를 이으면 매듭은 2군데가 생겨요. 그래서 16개를 이으면 15군데에 매듭이 생기는 거예요.

이때, 매듭을 만드는 데는 끈이 모두 $15 \times 8 = 120$(cm)가 필요해요.

따라서 끈 16개를 매듭으로 이은 전체 길이는 $800 - 120 = 680$(cm)가 된답니다.

▶ 정답 : 680cm

문제 해결의 포인트

- 매듭을 이용하여 이은 끈의 전체 길이는 '(끈의 길이의 합) − (매듭에 사용된 끈의 길이)'로 구할 수 있다.
- 매듭의 수는 '(끈의 개수) − 1'개이다.
- 매듭을 만드는 데 양쪽 끈에서 각각 4cm씩 필요한 것은 곧 8cm가 필요하다는 의미이다.

비슷한 문제

1 길이가 36cm인 색 테이프를 다음과 같이 이어 붙이려고 합니다. 55개의 색 테이프를 이어 붙이면 전체 길이는 몇 cm입니까?

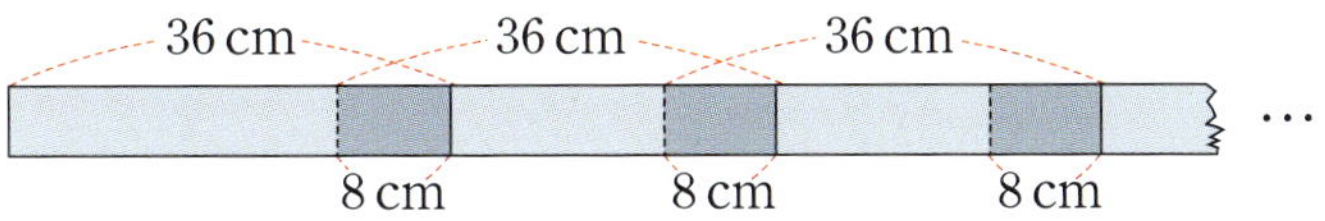

(   )

2 길이가 1m 25cm인 색 테이프 13개를 이어 붙였습니다. 겹친 부분이 5cm씩이라면, 이어 붙인 색 테이프의 길이는 모두 몇 cm입니까?

(   )

유형 83 곱셈 2 다리 수를 알 때 마리 수 구하기 3-2, 4-2

진수네 농장에는 닭과 강아지를 기르고 있습니다. 정보 1 닭과 강아지의 다리 수를 모두 세어 보니 176개였습니다. 정보 2 강아지가 27마리라면, 닭은 몇 마리입니까? (구해야 하는 것)

구해야 하는 것 ▶ 닭이 몇 마리인지 구하려고 해요.

필요한 정보 골라내기 ▶ 1 닭과 강아지의 다리 수가 모두 176개이고, 그중 2 강아지가 27마리라고 하네요.

문제 해결 방법 찾기 ▶ 강아지의 다리는 4개예요. 강아지가 몇 마리인지 알고 있으므로 강아지의 다리 수를 구한 후, 전체 다리 수에서 강아지의 다리 수를 빼서 닭의 다리 수를 구하면 돼요.

닭의 다리는 2개니까 전체 닭의 다리 수를 알면 마리 수를 알 수 있어요.

답 구하기 ▶ 강아지가 27마리니까 강아지의 다리 수는 모두 $27 \times 4 = 108$(개)예요. 전체 다리 수에서 강아지의 다리 수를 빼면 $176 - 108 = 68$(개)가 되는데 이게 바로 닭의 다리 수가 되는 거죠.

그럼 $2 \times \square = 68$의 식을 세울 수 있고, 닭은 $68 \div 2 = 34$(마리)가 되는 거랍니다.

▶ 정답 : 34마리

문제 해결의 포인트 동물의 다리 수나 운송기관의 바퀴 수 등은 문제에서 주어지지 않지만 미리 알고 있어야 한다.

㉮ • 오리, 닭의 다리 : 2개 / 개, 소 다리 : 4개 / 오징어 다리 : 10개 / 문어 다리 : 8개

• 자동차 바퀴 : 4개 / 세발자전거 바퀴 : 3개 / 두발자전거 바퀴 : 2개

비슷한 문제

1 동물원에 타조와 코끼리가 있습니다. 타조와 코끼리의 다리 수를 세어 보니 94개였습니다. 코끼리가 17마리라면, 타조는 몇 마리입니까?

( )

2 주차장에 자동차와 오토바이가 합쳐서 42대 있습니다. 바퀴의 수를 세어 보니 모두 130개였습니다. 이중 오토바이는 몇 대입니까?

( )

3 마당에 오리와 고양이가 20마리 있습니다. 이 동물의 다리 수를 세어 보니 모두 56개였습니다. 고양이는 몇 마리입니까?

( )

나무의 간격으로 도로 길이 구하기

어떤 직선 도로의 한 쪽에 처음부터 끝까지 16m 간격으로(정보 1) 모두 35그루(정보 2)의 나무를 심었습니다. 이 도로의 길이는 몇 m입니까?(구해야 하는 것)

구해야 하는 것 ▶ 도로의 길이가 몇 m인지 구하려고 해요.

필요한 정보 골라내기 ▶ ① 나무를 16m 간격으로 심었고, ② 심은 나무는 모두 35그루예요.

문제 해결 방법 찾기 ▶ 나무 35그루를 심는다면 그 사이 간격이 몇 개인지 생각해 보세요.

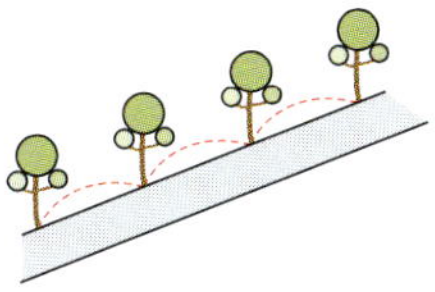

직선 도로에서 심은 나무가 4그루이면, 간격은 3개가 됩니다.
즉 간격의 수는 심은 나무의 수보다 1 작아요.
그래서 나무가 35그루이면 나무 사이의 간격은 34군데가 돼요.

답 구하기 ▶ 따라서 도로의 길이는
(나무 사이의 간격) × (간격 수) = 16 × 34 = 544(m)가 나오네요.
만약 도로가 직선이 아니라 원을 둘러싼 경우라면 나무의 수와 간격의 수가 같기 때문에 (나무 사이의 간격) × (나무 수)로 구해야 해요. 문제의 한 부분도 놓치지 마세요.

▶ 정답 : 544m

문제 해결의 포인트

- 직선 도로에서 시작과 끝에 나무를 심은 경우 : (나무의 간격 수) = (심은 나무 수) − 1
- 원의 둘레를 둘러싼 모양으로 나무를 심을 경우 : (나무의 간격 수) = (심은 나무의 수)

비슷한 문제

1 원 모양의 화단 둘레에 3m 간격으로 팻말을 15개 심었습니다. 이 화단의 둘레와 길이는 몇 m입니까?

( )

2 연못 둘레에 꽃을 2m 간격으로 25송이 심었습니다. 이 연못의 둘레의 길이는 몇 m입니까?

( )

3 운동장 둘레에 소나무가 35그루 있는데, 소나무 사이의 간격은 3m입니다. 정민이는 아침마다 자전거로 이 운동장을 12바퀴씩 달린다고 합니다. 정민이는 몇 m를 달린 셈입니까?

( )

유형 85 곱셈 2 어떤 수 구하기, 잘못된 계산 바르게 하기 4-1

정보 1 정보 2

어떤 수에 37을 곱해야 할 것을 잘못하여 더하였더니 64가 되었습니다. 바르게 계산하면 얼마입니까?

구해야 하는 것

구해야 하는 것 ▶ 바르게 계산하면 얼마인지 구하려고 해요.

필요한 정보 골라내기 ▶ ①어떤 수에 37을 곱해야 할 것을 ②잘못하여 더하였더니 64가 되었다고 하네요.

문제 해결 방법 찾기 ▶ 즉 어떤 수에 37을 더해서 64가 된 거예요.

그럼 더하기 전의 어떤 수를 구한 후, 바르게 계산해야겠죠?

답 구하기 ▶ 어떤 수를 □로 두고 잘못 계산한 덧셈식을 세우면 □+37=64예요.

□는 잘못 더한 만큼 다시 빼서 구하면 돼요.

□=64−37=27

어떤 수는 27이 되죠. 이제 바르게 계산하는 과정이 남았어요. 27에 37을 곱하면 되는 거예요.

27×37=999

▶ 정답 : 999

문제 해결의 포인트

- 곱해야 할 것을 잘못하여 더했다면, 더한 수만큼 뺀 다음 올바르게 곱한다.
- 곱해야 할 것을 잘못하여 나누었다면, 나누었던 수만큼 곱한 다음 올바르게 다시 곱한다.

비슷한 문제

1 어떤 수에 5700을 곱해야 할 것을 잘못하여 57을 곱했더니 1311이 되었습니다. 바르게 계산하면 얼마입니까?

( )

2 6에 어떤 두 자리 수를 곱해야 하는데 십의 자리 숫자와 일의 자리 숫자를 바꾸어 곱했더니 510이 되었습니다. 바르게 계산하면 얼마입니까?

( )

3 어떤 수에서 7을 뺀 다음 45를 곱해야 할 것을 7을 더한 다음 45를 곱했더니 1260이 되었습니다. 바르게 계산하면 얼마입니까?

( )

유형 86 곱셈 2 가장 큰 곱 구하기

정보 1 정보 2

유경이는 숫자 카드를 한 번씩만 사용하여 (두 자리 수)×(두 자리 수)를 만들려고 합니다. 만들 수 있는 곱셈식 중 값이 가장 큰 경우를 구하시오. (구해야 하는 것)

2, 6, 0, 9

구해야 하는 것 ▶ (두 자리 수)×(두 자리 수) 중 값이 가장 큰 경우를 찾아야 해요.

필요한 정보 골라내기 ▶ ① 주어진 숫자는 2, 6, 0, 9예요. ② 한 번씩만 사용하여야 하고요.

문제 해결 방법 찾기와 답 구하기 ▶ 곱하는 두 수의 십의 자리에 가장 큰 수와 그 다음 큰 수를 각각 넣고 일의 자리에 나머지 두 수를 넣어요.

	9	□
×	6	■

빨간색 칸은 가장 큰 수인 9와 곱하게 됩니다. 그래서 남은 두 수 2, 0 중 큰 수인 2를 넣어야 값이 가장 크게 된답니다.

$90 \times 62 = 5580$

▶ 정답 : 5580

문제 해결의 포인트 ㉠>㉡>㉢>㉣일 때 (두 자리 수)×(두 자리 수)의 값이

- 가장 큰 경우 : ㉠㉣×㉡㉢
- 가장 작은 경우 : ㉢㉠×㉣㉡

비슷한 문제

1 다음 숫자 카드를 한 번씩 사용하여 만들 수 있는 (두 자리 수)×(한 자리 수) 중에서 가장 큰 값과 둘째 번으로 큰 값의 합을 구하시오.

3, 5, 6, 8

( )

2 진호는 숫자 카드를 한 번씩만 사용하여 (두 자리 수)×(두 자리 수)의 곱셈식을 만들려고 합니다. 만들 수 있는 곱셈식 중 값이 가장 큰 경우와 가장 작은 경우를 구하시오.

1, 4, 9, 6

(,)

나눗셈 1

나눗셈의 의미를 이해하고, 한 자리 또는 두 자리로 나누거나 나머지가 있는 나눗셈을 해결할 수 있다.

유형 87 나눗셈 1 똑같이 나누기 3-1

색종이가 한 묶음에 8장씩 3묶음 있습니다.(정보 1) 이 색종이를 4명에게 똑같이(정보 2) 나누어 주려고 합니다. 한 사람이 가지게 되는 색종이는 몇 장입니까?(구해야 하는 것)

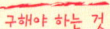

구해야 하는 것 ▶ 한 사람이 가지게 되는 색종이 수를 구하려고 해요.

필요한 정보 골라내기 ▶ 색종이는 ①한 묶음에 8장씩 3묶음 있고, 이것을 ②4명에게 똑같이 나누어 준다고 하네요.

문제 해결 방법 찾기 ▶ 먼저 전체 색종이가 몇 장인지 구해 보세요. 그리고 그 수를 4로 나누면 한 사람이 가지게 되는 색종이 수를 알 수 있어요.

답 구하기 ▶ 전체 색종이의 수는 $8 \times 3 = 24$(장)이에요.
24장을 4명으로 나누어 보세요.
(전체 색종이 수) ÷ (나누어 줄 사람 수) $= 24 \div 4 = 6$(장)

▶ 정답 : 6장

문제 해결의 포인트

●장씩 ▲묶음 ➡ ● × ▲,
■개를 ★명에게 똑같이 나누어 준다. ➡ ■ ÷ ★

비슷한 문제

1 연필이 4다스 있습니다. 한 사람에게 6자루씩 나누어 주려고 합니다. 모두 몇 명에게 나누어 줄 수 있습니까?

( )

2 영진이네 반은 남학생이 19명, 여학생이 23명입니다. 영진이네 반 학생들을 7모둠으로 똑같게 나누면, 한 모둠은 몇 명이 됩니까?

( )

3 주환이는 색종이 50장을 가지고 있습니다. 이중에서 8장을 미술 시간에 사용하고 남은 색종이는 친구 6명에게 똑같이 나누어 주려고 합니다. 친구 한 사람에게 색종이를 몇 장 나누어 주어야 합니까?

( )

유형 88 나눗셈 1 (몇십)÷(몇)

정보 1 정보 2

영재네 학교에서 팽이 60개를 세 반에 똑같이 나누어 주려고 합니다.

한 반에 팽이를 몇 개씩 나누어 주면 됩니까?

구해야 하는 것

구해야 하는 것 ▶ 한 반에 나누어 줄 팽이의 수를 구하려고 해요.

필요한 정보 골라내기 ▶ 팽이는 모두 60개이고, 나누어 주려고 하는 반은 세 반이에요.

문제 해결 방법 찾기 ▶ 전체 수를 알고 나누어 줄 수를 아니까 나눗셈을 이용합니다.

답 구하기 ▶ (팽이 수)÷(나누어 줄 반 수)=(한 반에 나누어 줄 팽이 수)

60÷3=20

60÷3은 6÷3과 아주 밀접한 관련이 있어요.

60÷3은 6÷3에 비해 나눠지는 수가 10배 크지요.

따라서 그 몫도 10배 커진답니다. 6÷3=2에 0을 하나 더 붙인 20이 몫이 되지요.

```
   2 0
3)6 0
  6 0
    0
```

▶ 정답 : 20개

문제 해결의 포인트

```
                10배
   2                       2 0
3)6         10배        3)6 0
  6          ➡             6 0
  0                          0
```

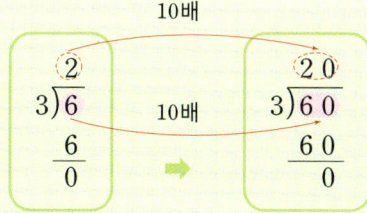

나눠지는 수가 10배가 되면 몫도 10배가 된다.

비슷한 문제

1 제기 40개를 2사람이 똑같이 나누어 가지려면 한 사람이 몇 개를 가지면 됩니까?

( )

2 학생 80명이 한 팀에 4명씩 팀을 만들어 윷놀이를 하려고 합니다. 모두 몇 팀입니까?

( )

3 귤 60개를 3명이서 나누어 먹으면 한 명이 몇 개를 먹을 수 있습니까?

( )

몇십으로 나누기

재현이네 학교에서는 자치기를 하려고 학교 뒷산에서 나무 막대 120개(정보 1)를 주웠습니다. 이 나무 막대를 20명에게 똑같이 나누어 주려고(정보 2) 합니다. 한 명에게 몇 개씩 나누어 주어야 합니까?(구해야 하는 것)

구해야 하는 것 ▸ 나무 막대를 한 명에게 몇 개씩 줘야 하는지 묻고 있어요.

필요한 정보 골라내기 ▸ 주워 온 나무 막대는 (1) 모두 120개, 나누어 줘야 할 사람 수는 (2) 모두 20명이네요.

문제 해결 방법 찾기 ▸ 전체 수를 알고 나누어 줘야 할 수를 아니까 나눗셈을 하면 돼요.

답 구하기 ▸ (전체 나무 막대 수)÷(나누어 줄 사람 수)=120÷20=6

여기서 몫을 구하는 다음 방법도 있어요.

120÷20은 12÷2와 밀접한 관련이 있지요.

나누어지는 수도 나누는 수도 10배가 되었어요.

그러니까 몫은 12÷2=6과 같아요.

$$\begin{array}{r} 6 \\ 20\overline{)120} \\ 120 \\ \hline 0 \end{array}$$

▶ 정답 : 6개

문제 해결의 포인트

$$\begin{array}{r} \boxed{6} \\ 2\overline{)12} \\ 12 \\ \hline 0 \end{array} \Rightarrow \begin{array}{r} \boxed{6} \\ 20\overline{)120} \\ 120 \\ \hline 0 \end{array}$$

(2 → 20: 10배, 12 → 120: 10배)

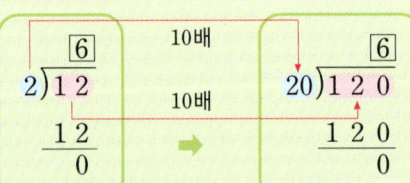

나눠지는 수와 나누는 수가 똑같이 몇 배가 되면 몫은 같다.

비슷한 문제

1 배가 180개 있습니다. 한 상자에 20개씩 담으려고 합니다. 모두 몇 상자를 만들 수 있습니까?

( )

2 330명의 학생들이 버스 한 대에 30명씩 타려고 합니다. 버스는 모두 몇 대 있어야 합니까?

( )

3 장미꽃이 840송이 있습니다. 한 다발에 장미꽃을 40송이씩 엮을 때, 모두 몇 다발을 만들 수 있습니까?

( )

나머지가 있는 나눗셈

정보 1 / 정보 2

체육시간에 제기 19개를 3팀에게 똑같이 될 수 있는 대로 많이 나누어 주려고 합니다. 한 팀에 제기를 몇 개씩 나누어 줄 수 있고, 몇 개가 남습니까?

구해야 하는 것

구해야 하는 것 ▶ 한 팀에 나누어 줄 수 있는 제기 수와 남는 제기 수를 구하려고 해요.

필요한 정보 골라내기 ▶ 제기 19개를 3팀에게 나누어 주는데 될 수 있는 대로 많이 나누어 주려고 한다고 하네요.

문제 해결 방법 찾기 ▶ 여기서 '될 수 있는 대로 많이 나누어 주려고 한다'는 의미는 똑같이 나누되 남는 제기 수를 가장 적게 한다는 의미예요.

전체 제기 수를 팀 수로 나눠 주면 구할 수 있겠죠? 나눗셈 과정에서 구한 몫은 한 팀이 가질 수 있는 제기의 수이고, 나머지는 남는 제기의 수가 된답니다.

답 구하기 ▶ 그럼 이제 나눗셈을 해 볼까요?

(전체 제기 수)÷(팀 수)=19÷3=6…1

제기를 한 팀에 6개씩 나누어 주고, 1개가 남네요.

$$\begin{array}{r} 6 \\ 3\overline{)19} \\ 18 \\ \hline 1 \end{array}$$

▶ 정답 : 6개, 1개

문제 해결의 포인트

- '될 수 있는 대로 많이 나누어 주려고 한다'는 의미는 똑같이 나누되 남는 수를 가장 적게 한다는 의미이다.
- 나눗셈에서 나머지는 항상 나누는 수보다 작아야 한다.

비슷한 문제

1 연필이 47자루 있습니다. 이 연필을 한 사람에게 3자루씩 나누어 준다면, 몇 명까지 나누어 줄 수 있고, 몇 자루가 남습니까?

(,)

2 사탕 63개를 5명의 친구들에게 똑같이 나누어 준다면, 한 명에게 몇 개까지 나누어 줄 수 있고, 몇 개가 남습니까?

(,)

3 유나는 길이가 96cm인 색 테이프를 7도막으로 똑같이 잘라 7개의 리본을 만들었습니다. 리본을 만들고 남은 부분은 몇 cm입니까?

( )

유형 91 나눗셈 1 한 자리 수로 나누기 3-1, 3-2

투호는 옛날 궁중이나 양반집에서 항아리에 화살을 던져 넣던 놀이였습니다. 화살 56개를(정보 1) 4사람이(정보 2) 될 수 있는대로 많이 나누어 던지려고 합니다. 한 사람이 화살을 몇 개씩 던질 수 있습니까? (구해야 하는 것)

구해야 하는 것 ▶ 한 사람이 화살을 몇 개씩 던질 수 있는지 알려고 해요.

필요한 정보 골라내기 ▶ ① 화살은 모두 56개가 있고, 화살을 던지는 사람 수는 ② 모두 4사람이에요.

문제 해결 방법 찾기 ▶ 전체 화살 수와 던지는 사람 수를 알고 있으니 나눗셈으로 한 사람이 화살을 몇 개씩 던질지 구할 수 있어요.

답 구하기 ▶ (전체 화살 수) ÷ (던지는 사람 수) = 56 ÷ 4 = 14

56 ÷ 4를 세로셈으로 계산하면 십의 자리의 계산 5 ÷ 4 = 1…1에서 남은 1을 받아내림하여 십의 자리에 써 주고, 일의 자리 수 6을 내려써서 16을 다시 4로 나누어 계산해 주면 돼요.

$$\begin{array}{r} 14 \\ 4\overline{)56} \\ \underline{4} \\ 16 \\ \underline{16} \\ 0 \end{array}$$

▶ 정답 : 14개

문제 해결의 포인트

$$4\overline{)56} \;\Rightarrow\; \begin{array}{r} 1 \\ 4\overline{)56} \\ 4 \end{array} \;\Rightarrow\; \begin{array}{r} 1 \\ 4\overline{)56} \\ \underline{4} \\ 16 \end{array} \;\Rightarrow\; \begin{array}{r} 14 \\ 4\overline{)56} \\ \underline{4} \\ 16 \\ \underline{16} \\ 0 \end{array}$$

비슷한 문제

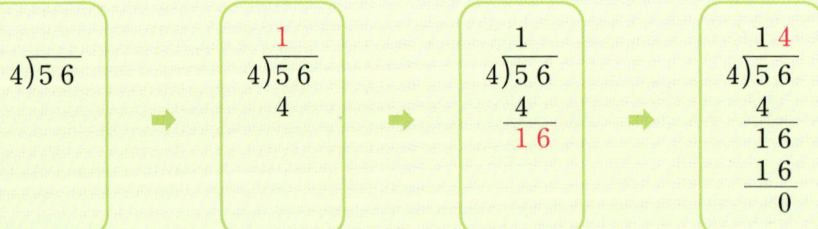

1 84명의 사람들을 6팀으로 나누어 씨름을 하려고 합니다. 한 팀에 몇 명이 되겠습니까?

( )

2 씨름부 선수 41명이 3팀으로 나누어 씨름을 하려고 합니다. 한 팀에 몇 명이 되고, 몇 명이 남겠습니까?

(,)

3 동화책이 78권 있습니다. 책꽂이 한 칸에 5권씩 모두 꽂으려고 합니다. 최소한 몇 칸이 필요합니까?

( )

두 자리 수로 나누기

민지는 알사탕 358개를 상자에 가득 담았습니다. 한 상자에 알사탕을 가득 넣으면 24개가 들어갑니다. 최대한 많은 상자에 가득 넣고 남은 알사탕은 몇 개입니까?

(정보 1: 알사탕 358개 / 정보 2: 24개 / 구해야 하는 것: 최대한 많은 상자에 가득 넣고 남은 알사탕은 몇 개)

구해야 하는 것 ▶ 최대한 많은 상자에 가득 넣고 남은 알사탕이 몇 개인지 구해야 해요.

필요한 정보 골라내기 ▶ 알사탕은 358개가 있고, 상자에 가득히 넣어야 해요. 한 상자에는 알사탕이 24개씩 들어갑니다.

문제 해결 방법 찾기 ▶ 최대한 많은 상자에 가득 넣으려면 358에 24가 몇 번까지 들어가는지 알아보세요.

답 구하기 ▶ $358 \div 24 = 14 \cdots 22$

알사탕은 14개의 상자에 가득 담기고, 22개가 남습니다.

$$
\begin{array}{r}
14 \\
24 \overline{)358} \\
24 \\
\hline
118 \\
96 \\
\hline
22
\end{array}
$$

▶ 정답 : 22개

문제 해결의 포인트 두 자리 수로 나눌 때에는 나눠지는 수의 앞의 두 자리 수부터 나눈다.

비슷한 문제

1 채소 가게에 오이 329개, 당근 443개, 호박 120개가 있습니다. 이중 당근을 한 상자에 15개씩 포장하면 모두 몇 상자가 나오겠습니까? (상자를 가득 채우지 못하는 당근은 무시합니다.)

(　　　　　　)

2 구슬이 780개 있습니다. 팔찌 하나를 만드는 데 구슬이 28개가 필요하다고 합니다. 780개의 구슬로는 팔찌를 몇 개까지 만들 수 있습니까?

(　　　　　　)

3 식목일에 묘목을 심으려고 합니다. 묘목은 모두 353그루 있었는데, 54명이 똑같이 나누어 심으려고 합니다. 한 사람이 최대한 몇 그루까지 심고, 몇 그루가 남겠습니까?

(　　　　　　,　　　　　　)

나눗셈 2

나눗셈을 활용한 실생활에 관련된 문제를 해결할 수 있다.

유형 93 나눗셈 2 나눗셈의 몫의 크기 비교 3-1, 3-2, 4-1

접시에 꿀떡이 40개(정보 1), 송편이 24개(정보 2) 있습니다. 8사람이(정보 3) 꿀떡과 송편을 각각 똑같게 나누어 먹으려고 합니다. 한 사람이 먹는 꿀떡은 송편보다 몇 개 더 많습니까?(구해야 하는 것)

구해야 하는 것 ▶ 한 사람이 먹는 꿀떡은 송편보다 몇 개 더 많은지 구하려고 해요.

필요한 정보 골라내기 ▶ ①꿀떡은 40개, ②송편은 24개가 있어요. ③8사람이 똑같이 나누어 먹으려고 하고요.

문제 해결 방법 찾기 ▶ 40개를 8명이 똑같이 나누어 먹기, 24개를 8명이 똑같이 나누어 먹기는 나눗셈의 몫을 구하여 알 수 있어요. 두 몫의 크기를 비교해서 차이를 구해 봅시다.

답 구하기 ▶ 한 사람이 먹게 되는 꿀떡 수는

(꿀떡 수)÷(나누어 먹는 사람 수)$=40\div8=5$(개)예요.

한 사람이 먹게 되는 송편 수는

(송편 수)÷(나누어 먹는 사람 수)$=24\div8=3$(개)이니까

한 사람이 먹는 꿀떡은 송편보다 $5-3=2$(개) 더 많아요.

▶ 정답 : 2개

문제 해결의 포인트 각각의 나눗셈의 몫을 구한 후, 몫의 크기를 비교한다.

비슷한 문제

1 빨간색 구슬 42개와 파란색 구슬 30개가 있습니다. 이 구슬을 합하여 6명이 똑같이 나누어 가지려고 합니다. 한 사람이 구슬을 몇 개씩 가지게 됩니까?

( )

범위 안에서 나누어떨어지는 수 찾기

정보 1 정보 2

12보다 크고 25보다 작은 자연수 중에서 4로 나누어떨어지는 수는 모두 몇 개입니까?

구해야 하는 것

구해야 하는 것 ▶ 4로 나누어떨어지는 수는 모두 몇 개인지 구하려고 해요.

필요한 정보 골라내기 ▶ 나눠지는 수의 범위는 ①12보다 크고 ②25보다 작은 자연수예요.

문제 해결 방법 찾기 ▶

몫

나누는 수) 나눠지는 수

나누는 수 × 몫 = 나눠지는 수

나누어떨어지는 경우 (나누는 수)×(몫)=(나눠지는 수)예요. 여기서 (나누는 수)가 4이므로 4의 단 곱셈구구를 이용하여 곱을 먼저 구한 다음, 나눠지는 수가 주어진 범위 안에 들어가는 곱을 찾아야 해요.

답 구하기 ▶ 4의 단 곱셈구구를 외워 보면

$4\times3=12$, $4\times4=16$, $4\times5=20$, $4\times6=24$, $4\times7=28$, …이 되죠?

따라서 나눗셈식은 $12\div4=3$, $16\div4=4$, $20\div4=5$, $24\div4=6$, $28\div4=7$, …이 돼요.

여기서 12보다 크고 25보다 작은 수 중에서 4로 나누어지는 수는 16, 20, 24로 모두 3개예요.

▶ 정답 : 3개

문제 해결의 포인트 어떤 범위 안에서 4로 나누어떨어지는 수를 구하려면 4와 곱해서 어떤 범위 안에 드는 수를 찾는다.

비슷한 문제

1 13보다 크고 27보다 작은 자연수 중에서 3으로 나누어떨어지는 수는 모두 몇 개입니까?

(　　　　　)

2 27보다 크고 63보다 작은 자연수 중에서 9로 나누어떨어지는 수는 모두 몇 개입니까?

(　　　　　)

3 60보다 크고 100보다 작은 자연수 중에서 7로 나누어떨어지는 수는 모두 몇 개입니까?

(　　　　　)

유형 95 나눗셈 2 필요한 나무 수 구하기

정보 1 길이가 36m인 도로의 양쪽에 나무를 심으려고 합니다. 정보 2 4m 간격으로 나무를 심을 때, 나무는 모두 몇 그루 필요합니까? (구해야 하는 것) (단, 정보 3 도로의 처음과 끝에도 나무를 심습니다.)

구해야 하는 것 ▶ 도로에 심을 나무의 수를 구하려고 해요.

필요한 정보 골라내기 ▶ ① 도로의 길이는 36m이고, ② 4m 간격으로 나무를 심으려고 해요. ③ 나무를 심을 때는 도로의 처음과 끝에도 심어야 한대요.

문제 해결 방법 찾기 ▶ 도로의 양쪽에 심으므로 먼저 한쪽 도로에 심는 나무 수를 구한 후, 2배를 해 주세요.

답 구하기 ▶ 36m에 4m 간격이 몇 번 들어가는지 알려면 나눗셈을 해요.

$36 \div 4 = 9$(개)

간격이 9개란 것은 나무가 몇 그루란 것일까요?

도로의 처음과 끝에도 나무를 심는다고 했으니까 나무 수는 간격 수에 1을 더해 주어야 해요.

$9 + 1 = 10$(그루)

여기서 10그루는 도로의 한쪽에 심은 나무 수이므로

양쪽에 심을 때 필요한 나무 수는 $10 \times 2 = 20$(그루)가 되네요.

▶ 정답 : 20그루

문제 해결의 포인트 직선 도로에서, (나무 사이의 간격 수)=(도로의 길이)÷(나무 사이의 간격의 길이)

비슷한 문제

1 둘레가 84m인 연못에 3m 간격으로 꽃을 심으려고 합니다. 필요한 꽃은 모두 몇 송이입니까?

( )

2 둘레가 32m인 원 모양의 연못 둘레에 4m 간격으로 나무를 심으려고 합니다. 나무는 모두 몇 그루 필요합니까?

( )

학생들이 앉을 의자의 개수 알기

정아네 학교 3학년 학생이 소풍을 갔습니다. 공원에서 3학년 학생 중 정보 1 여학생 77명이 정보 2 한 개에 6명씩 앉을 수 있는 긴 의자에 모두 앉으려고 합니다. 긴 의자는 적어도 몇 개가 있어야 합니까? (구해야 하는 것)

구해야 하는 것 ▶ 긴 의자는 적어도 몇 개가 있어야 하는지 구하려고 해요.

필요한 정보 골라내기 ▶ ①여학생은 모두 77명이고, ②의자 하나에는 6명씩 앉을 수 있어요. 앉지 못하는 학생이 있으면 안 됨에 유의하세요.

문제 해결 방법 찾기 ▶ 77명을 6명씩 묶어서 의자에 앉힌다고 생각해 보세요. 그럼 77에 6이 몇 번 들어가는지 알아야겠죠?

문제 해결 ▶ 나눗셈을 합니다. $77 \div 6 = 12 \cdots 5$, 77에 6이 12번 들어가네요. 6명씩 12개의 의자에 앉는다는 거예요.

나머지 5는 무엇일까요? 의자에 앉지 못하고 남는 사람 수예요. 남은 사람이 1명이라도 있다면 의자 1개가 더 필요하기 때문에 의자는 적어도 $12+1=13$(개)가 필요하답니다.

문제에서 '적어도' 라는 말이 없다면 답을 찾을 수가 없어요. 6명씩 앉을 수 있는 의자라고 해도 1명씩 앉으면 의자가 77개나 필요할 수도 있으니까요.

▶ 정답 : 13개

문제 해결의 포인트

- 의자에 정원 수대로 모두 앉은 후 남은 사람이 1명이라도 있다면 의자는 하나 더 필요하다.
- 최소의 의자 수를 구할 때 나눗셈을 한 후 나머지가 생기면 몫에 1을 더한다.

● 비슷한 문제

1 수수깡 83개를 5명의 학생들에게 똑같이 나누어 주려고 합니다. 수수깡을 남김없이 모두 똑같이 나누어 주려면 수수깡은 적어도 몇 개 더 필요합니까?

( )

2 유라네 학교 3학년 학생은 남학생이 78명, 여학생이 88명입니다. 남학생은 5명씩 탈 수 있는 승용차에 모두 타고, 여학생은 7명씩 탈 수 있는 승용차에 모두 타려고 합니다. 남녀가 반드시 따로 타야할 때, 승용차는 적어도 몇 대 필요합니까?

( )

유형 97 나눗셈 2 주어진 도형을 작은 도형으로 나누기 3-2, 4-2

정보 1 / 정보 2 / 정보 3

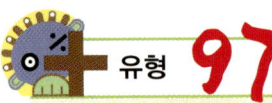

정수는 가로가 76cm, 세로가 68cm인 직사각형 모양의 종이로 한 변이 4cm인 정사각형 모양의 카드를 만들려고 합니다. 카드는 모두 몇 장 만들 수 있습니까?

구해야 하는 것

구해야 하는 것 ▶ 큰 종이를 잘라 카드를 모두 몇 장 만들 수 있는지 알아보려고 해요.

필요한 정보 골라내기 ▶ 자를 종이는 ①가로가 76cm, ②세로가 68cm인 직사각형 모양이고, 잘라 낼 모양은 ③한 변이 4cm인 정사각형 모양이에요.

문제 해결 방법 찾기 ▶ 직사각형의 가로와 세로를 각각 정사각형으로 나누었을 때 몇 장씩 나오는지 알아보세요. 그래서 가로 길이에서 나올 수 있는 정사각형의 수와 세로 길이에서 나올 수 있는 정사각형의 수를 알면 '몇 개씩 몇 줄'을 구할 때처럼 곱을 이용해 전체 장수를 구할 수 있어요.

답 구하기 ▶

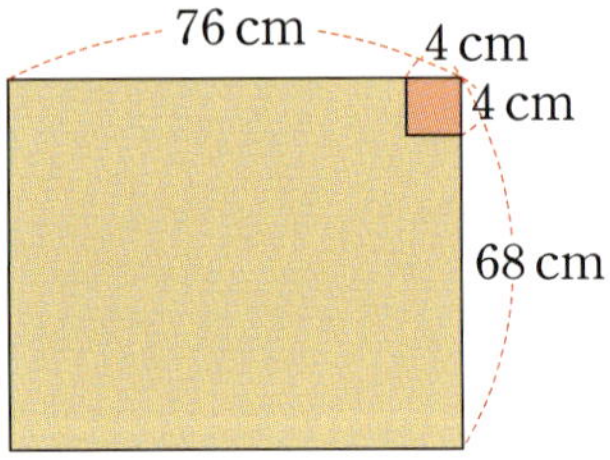

직사각형의 가로에서는 $76 \div 4 = 19$(장)을 만들 수 있고,
세로에서는 $68 \div 4 = 17$(장)을 만들 수 있어요.
따라서 직사각형 전체에서 한 변이 4cm인 정사각형 카드를 $19 \times 17 = 323$(장) 만들 수 있어요.

▶ 정답 : 323장

문제 해결의 포인트 가로로 구한 수와 세로를 구한 수를 더해 주는 실수를 하지 않도록 주의한다. 왜냐하면 작은 정사각형 카드가 직사각형 모양(넓이)을 덮었기 때문에 넓이의 개념으로 보아서 가로로 구한 수와 세로로 구한 수를 곱해 주어야 하기 때문이다.

비슷한 문제

1 한 변의 길이가 6cm인 정사각형 모양의 타일이 있습니다. 가로가 84cm, 세로가 96cm인 직사각형 모양의 벽에 이 타일을 겹치지 않게 빈틈없이 붙이려면, 타일은 모두 몇 장 필요합니까?

(　　　　　　　)

2 오른쪽과 같은 직사각형 모양의 도화지를 한 변의 길이가 3cm인 정사각형 모양으로 자르려고 합니다. 정사각형은 모두 몇 장 만들 수 있습니까?

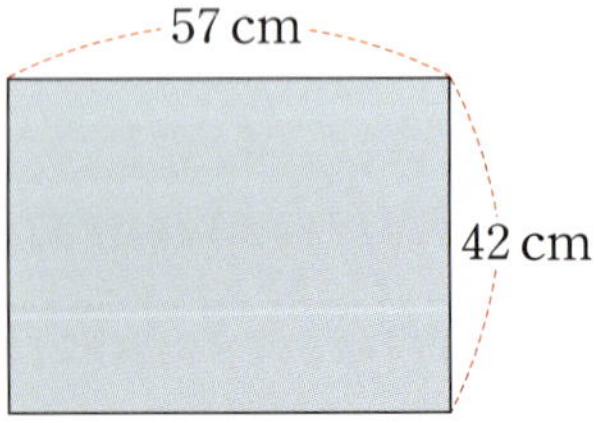

(　　　　　　　)

어떤 수 구하기, 잘못한 계산 바르게 하기

정보 1 어떤 수를 7로 나누어야 할 것을 잘못하여 정보 2 8로 나누었더니 정보 3 몫이 11이고, 정보 4 나머지가 7이 되었습니다.

바르게 계산하였을 때의 몫과 나머지를 구하시오. (구해야 하는 것)

구해야 하는 것 ▶ 바르게 계산하였을 때의 몫과 나머지를 구하려고 해요.

필요한 정보 골라내기 ▶ ① 어떤 수를 7로 나누어야 할 것을 잘못하여 ② 8로 나누었더니 ③ 몫이 11이고, ④ 나머지가 7이 되었다고 하네요.

문제 해결 방법 찾기 ▶ 7로 나누어야 할 것을 잘못하여 8로 나누었다 ➡ '8로 나누었다.' 는 말이에요.
즉 어떤 수를 8로 나누었을 때의 몫이 11이고, 나머지가 7이라는 말이죠. 검산식을 이용하여 어떤 수를 구한 후, 바르게 계산하여 몫과 나머지를 구할 수 있어요.

답 구하기 ▶ 어떤 수를 □라 하고, 식을 세우면 □÷8=11…7이에요. 검산식을 이용하면 8×11+7=□, □=95, 즉 어떤 수는 95랍니다.
이제 어떤 수를 구했으니 바르게 계산해 보세요.
95÷7=13…4

▶ 정답 : 몫 13, 나머지 4

문제 해결의 포인트

- 나누는 수와 몫, 나머지를 안다면, 검산식을 이용해 나눠지는 어떤 수를 구한다.
- 검산식 : (나눠지는 수)=(나누는 수)×(몫)+(나머지)

비슷한 문제

1 어떤 수를 5로 나누었더니 몫이 17이고 나머지가 2였습니다. 이 수를 7로 나누었을 때 몫과 나머지의 차를 구하시오.

( )

2 어떤 두 자리 수가 있습니다. 이 수를 8로 나누면 몫은 두 자리 수이고, 나머지는 3입니다. 어떤 수 중에서 가장 큰 수를 구하시오.

( )

3 지호는 어떤 두 자리 수를 6으로 나누었더니 나머지가 5가 되었습니다. 두 자리 수 중에서 가장 큰 수는 얼마입니까?

( )

유형 99 나눗셈 2 숫자 카드를 이용하여 나눗셈의 몫 구하기

정보 1 숫자 카드를 한 번씩만 사용하여 정보 2 (두 자리 수)÷(한 자리 수)의 나눗셈 정보 3 식을 만들었습니다. 몫이 가장 작을 때는 몇입니까? (구해야 하는 것)

2 4 6

구해야 하는 것 ▶ 숫자 카드로 만든 나눗셈 중 몫이 가장 작은 경우를 알아보려고 해요.

필요한 정보 골라내기 ▶ ①3장의 숫자 카드 2, 4, 6을 ②한 번씩 사용하여야 하고, 만드는 나눗셈식은 ③(두 자리 수)÷(한 자리 수)의 꼴이에요.

문제 해결 방법 찾기 ▶ 나눠지는 수가 클수록, 나누는 수가 작을수록 몫은 커질 거예요. 반대로 나눠지는 수가 작을수록, 나누는 수가 클수록 몫은 작아질테고요.

답 구하기 ▶ 세 수 중 작은 수 2개를 골라서 가장 작은 두 자리 수를 만듭니다.

24가 되겠죠? 그리고 남은 가장 큰 수 6으로 나누어 줍니다.

24÷6=4

▶ 정답 : 4

문제 해결의 포인트 나눗셈식의 몫이 가장 크려면 (가장 큰 수)÷(가장 작은 수)가 되어야 하고, 나눗셈식의 몫이 가장 작으려면 (가장 작은 수)÷(가장 큰 수)가 되어야 한다.

비슷한 문제

1 숫자 카드를 한 번씩만 사용하여 (두 자리 수)÷(한 자리 수)의 나눗셈식을 만들었습니다. 가장 큰 몫과 가장 작은 몫의 합은 얼마입니까?

2 6 8

( )

2 숫자 카드를 한 번씩만 사용하여 (세 자리 수)÷(두 자리 수)의 나눗셈식을 만들려고 합니다. 몫이 가장 클 때와 몫이 가장 작을 때의 차는 얼마입니까?

8 2 7 5 4

( )

평면도형의 둘레와 넓이

평면도형의 둘레를 구하거나 둘레를 이용하여 넓이를 구하는 등 다양한 문제를 해결할 수 있다.

유형 100 평면도형의 둘레와 넓이 둘레 구하기 4-2

정보 1 가로가 12cm, 정보 2 세로가 7cm인 정보 3 직사각형 3개를 아래로 나란히 겹치지 않게 붙여 놓았습니다. 이렇게 직사각형 3개로 이루어진 새로운 직사각형의 둘레의 길이를 구하시오. (구해야 하는 것)

구해야 하는 것 ▶ 직사각형 3개로 이루어진 새로운 직사각형의 둘레의 길이를 구하려고 해요.

필요한 정보 골라내기 ▶ 직사각형 1개는 ①가로가 12cm, ②세로가 7cm예요. 이 ③직사각형 3개를 아래로 나란히 겹치지 않게 붙여 놓았다고 하네요.

문제 해결 방법 찾기 ▶ 그럼 오른쪽과 같은 모양이 될 거예요.
새로 만들어진 직사각형의 가로, 세로 길이를 처음의 직사각형의 가로, 세로 길이로 표현할 수 있어요. 그럼 둘레도 구할 수 있어요.

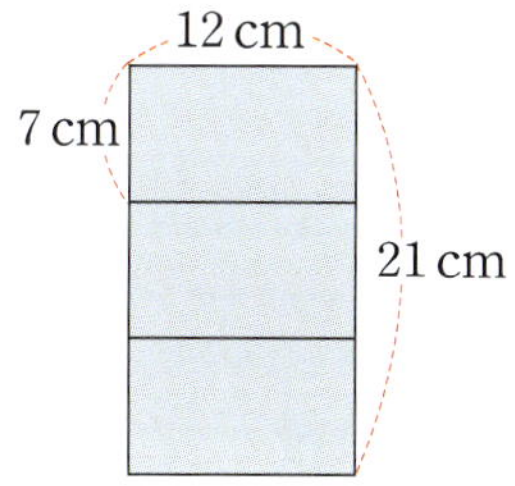

답 구하기 ▶ 아래로 붙였으니까 가로는 길이가 처음과 같아요.
새로 만든 직사각형의 세로는 처음 직사각형의 세로의 3배일 거예요.
겹치는 부분이 없이 3개를 이어 붙였잖아요. 만일 겹친 부분이 있었다면 겹친 만큼 빼줘야 하고요.
(새로 만든 직사각형의 세로의 길이)$=7\times3=21$(cm)
이제 새로 만든 직사각형의 둘레를 구해 봐요.
(직사각형의 둘레)$=$\{(가로)$+$(세로)\}$\times2=(12+21)\times2=66$(cm)

▶ 정답 : 66cm

문제 해결의 포인트

- 직사각형을 옆으로 나란히 겹치지 않게 붙인 경우
  ➡ 세로의 길이는 그대로, 가로의 길이가 붙인 개수만큼 배가 된다.
- 직사각형을 위(아래)로 나란히 겹치지 않게 붙인 경우
  ➡ 가로의 길이는 그대로, 세로의 길이가 붙인 개수만큼 배가 된다.

비슷한 문제

1 수진이는 벽에 한 변의 길이가 5cm인 정사각형 모양의 스티커를 가로로 3장, 세로로 4장씩 붙여 직사각형 모양을 만들었습니다. 만들어진 직사각형 모양의 스티커의 둘레의 길이를 구하시오.

(　　　　　　)

정보 1 / 정보 2

둘레의 길이가 48cm인 직사각형 모양의 액자가 있습니다. 액자의 가로가 세로의 2배이면, 이 직사각형 모양의 액자의 가로의 길이는 몇 cm 입니까?

(구해야 하는 것)

구해야 하는 것 ▶ 액자의 가로의 길이를 구하려고 해요.

필요한 정보 골라내기 ▶ 액자의 모양은 직사각형이고, ①둘레는 48cm예요. 또 액자의 ②가로는 세로의 2배라고 하네요.

문제 해결 방법 찾기 ▶ 글만으로 잘 알아보기 힘들면 주어진 조건을 토대로 그림을 그려 본 후 그 길이를 알아봐요.
가로가 세로의 2배이니까 가로를 세로보다 2배 길게 그려 보면 돼요.

답 구하기 ▶ 그림에서 둘레는 세로의 길이가 몇 번 들어가는지 생각해 봐요.
총 6번 들어간답니다.
세로가 6번 들어간 이 길이가 액자의 둘레이고, 액자의 둘레는 48cm예요.

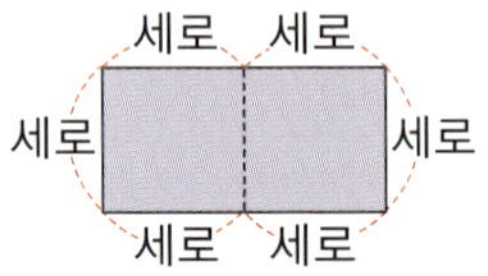

식을 세워 봅시다.
(세로의 길이) $\times 6 = 48$
(세로의 길이) $= 48 \div 6 = 8$(cm)
가로의 길이는 세로의 길이의 2배니까 $8 \times 2 = 16$(cm)가 돼요.

▶ 정답 : 16cm

문제 해결의 포인트 가로의 길이가 세로의 길이의 2배이면 (가로의 길이)=(세로의 길이)×2이므로 이 직사각형의 둘레의 길이는 (세로의 길이)×6이 된다.

비슷한 문제

1 어떤 정사각형 모양의 쟁반의 둘레의 길이는 64cm입니다. 이 쟁반의 한 변의 길이는 몇 cm입니까?

( )

2 어느 놀이공원에서 장미 축제가 열리고 있습니다. 정삼각형 모양의 꽃밭의 둘레의 길이는 78m라고 할 때, 이 꽃밭의 한 변의 길이는 몇 m입니까?

( )

사각형 모양의 탁자가 있습니다. 정보 1 가로의 길이가 3m이고, 정보 2 세로의 길이가 가로의 길이의 절반인 직사각형 모양의 탁자입니다. 이 탁자의 넓이는 몇 cm^2입니까? (구해야 하는 것)

구해야 하는 것 ▶ 탁자의 넓이를 구해야 해요.

필요한 정보 골라내기 ▶ 탁자의 모양은 직사각형이고, (1) 가로의 길이가 3m, (2) 세로의 길이는 가로의 길이의 절반이라고 해요. 그리고 정답은 m^2 단위가 아닌, cm^2 단위로 써야 해요.

문제 해결 방법 찾기 ▶ 길이를 cm 단위로 바꾼 후 계산해 봅시다.
우선 가로의 길이는 3m, 즉 300cm예요. 세로의 길이는 이것의 절반인 150cm겠죠?
직사각형의 넓이는 가로와 세로의 길이를 곱해서 구해요.

답 구하기 ▶ (탁자의 넓이)=(가로)×(세로)=300×150=45000(cm^2)
또한 가로의 길이를 3m, 세로의 길이를 이의 절반인 1.5m로 두고 두 수를 곱해서
3×1.5=4.5(m^2)로 구한 후 단위를 cm^2로 바꿔줘도 된답니다.
m^2를 cm^2로 바꿀 때에는 10000을 곱해요.

▶ 정답 : $45000cm^2$

문제 해결의 포인트

- (직사각형의 넓이)=(가로)×(세로)
- (삼각형의 넓이)=(밑변)×(높이)×$\frac{1}{2}$
- $1cm \times 1cm = 1cm^2$, $1m \times 1m = 1m^2$, $1m^2 = 10000cm^2$

비슷한 문제

1 두 도형의 넓이의 합을 구하시오.

- 한 변의 길이가 17cm인 정사각형
- 가로가 19cm, 세로가 11cm인 직사각형

(   )

2 밑변이 5cm, 높이가 8cm인 삼각형이 있습니다. 이 삼각형의 밑변을 2배로 늘이면, 넓이는 몇 배로 늘어납니까?

(   )

넓이의 활용

정보 1 가로가 25cm, 정보 2 세로가 32cm인 직사각형 모양의 유리에 정보 3 한 변이 12cm인 정사각형 모양의 스티커를 최대한 많이 붙였습니다. 스티커를 붙이지 않은 부분의 넓이는 몇 cm^2입니까?

구해야 하는 것

구해야 하는 것 ▶ 스티커를 붙이지 않은 유리의 넓이를 구하려고 해요.

필요한 정보 골라내기 ▶ 유리는 ①가로가 25cm, ②세로가 32cm인 직사각형 모양이에요. 또한 유리에 붙일 스티커는 ③한 변이 12cm인 정사각형 모양이랍니다.

문제 해결 방법 찾기 ▶ 유리의 넓이를 구하고, 스티커를 붙일 수 있는 부분의 넓이를 구하여 두 넓이의 차를 구해요.

답 구하기 ▶ 우선 스티커를 몇 개 붙일 수 있는지부터 알아봐야 해요.
가로로 2개씩 세로로 2줄 붙일 수 있으니까 총 4개 붙일 수 있어요.
유리의 넓이는 (가로) × (세로) = 25 × 32 = 800(cm^2)가 되고,
정사각형 모양의 스티커 1장의 넓이는
12 × 12 = 144(cm^2)니까
스티커 4장의 넓이는 144 × 4 = 576(cm^2)가 되네요.
따라서 스티커를 붙이지 않은 유리의 넓이는
800 − 576 = 224(cm^2)가 된답니다.

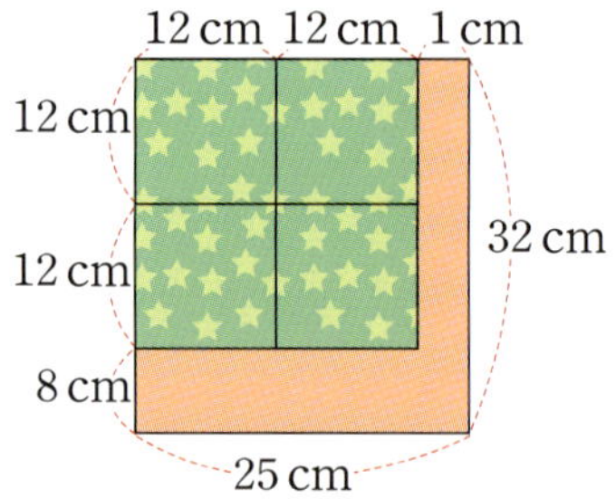

▶ 정답 : 224cm^2

문제 해결의 포인트 스티커를 붙이지 않은 부분의 넓이는 (전체 넓이) − (스티커의 넓이)와 같다.

비슷한 문제

1 가로가 12cm이고 세로가 가로의 길이보다 3cm 짧은 직사각형 모양의 사진이 있고, 둘레의 길이가 32cm인 정사각형의 모양의 사진이 있습니다. 두 사진의 넓이의 합을 구하시오.

(　　　　　　)

2 가로가 12cm, 세로가 7cm인 직사각형 모양의 수첩의 넓이는 한 변이 9cm인 정사각형 모양의 수첩의 넓이보다 얼마나 더 넓습니까?

(　　　　　　)

3 한 변의 길이가 12cm인 정사각형의 넓이는 가로의 길이가 6cm, 세로의 길이가 8cm인 직사각형의 넓이의 몇 배입니까?

(　　　　　　)

둘레를 알고 넓이 구하기

정보 1

둘레가 52cm인 정사각형 모양의 거울이 있습니다. 이 거울의 넓이는 몇 cm^2입니까?

구해야 하는 것

구해야하는것 ▶ 둘레만 아는 정사각형의 넓이를 구하려고 해요.

필요한 정보 골라내기 ▶ 정사각형의 둘레는 52cm라고 해요. 정사각형은 네 변의 길이와 네 각의 크기가 모두 같은 사각형이에요.

문제 해결 방법 찾기 ▶ 둘레로부터 정사각형의 한 변의 길이를 구하면, 넓이를 구할 수 있어요.

답 구하기 ▶ 정사각형의 한 변의 길이는 네 변의 길이가 같으니까 둘레를 4로 나눠 주면 되겠죠?

$52 \div 4 = 13$(cm)

(정사각형의 넓이) $= 13 \times 13 = 169$(cm^2)

▶ 정답 : 169cm^2

문제 해결의 포인트 정사각형의 네 변의 길이는 같으므로 둘레를 4로 나누어 주면 한 변의 길이가 된다.
(정사각형의 한 변의 길이) = (둘레) ÷ 4

비슷한 문제

1 둘레가 80cm인 정사각형 모양의 액자의 넓이는 몇 cm^2입니까?

(　　　　　)

2 둘레가 40cm이고, 가로의 길이가 세로의 길이보다 4cm 긴 직사각형 모양의 수첩이 있습니다. 이 수첩의 넓이는 몇 cm^2입니까?

(　　　　　)

3 정사각형 모양의 종이를 반으로 접어서 만들어진 직사각형의 둘레가 24cm입니다. 처음 정사각형 모양의 종이의 넓이는 몇 cm^2입니까?

(　　　　　)

4 둘레의 길이가 36cm인 정사각형 모양의 색종이를 겹치지 않게 나란히 2장을 붙여 직사각형을 만들었습니다. 이 직사각형의 넓이는 몇 cm^2입니까?

(　　　　　)

늘어나거나 줄어든 넓이 구하기

정보 1 한 변의 길이가 20cm인 정사각형 모양의 천이 있습니다. 이 정사각형 모양의 천의 정보 2 가로를 3cm 잘라 버리고, 이어서 정보 3 세로를 5cm 잘라 버렸습니다. 남은 천의 넓이는 처음보다 얼마나 줄어들었습니까?

구해야 하는 것

구해야 하는 것 ▶ 잘라 내고 남은 천의 넓이가 처음보다 얼마나 줄었는지 구하려고 해요.

필요한 정보 골라내기 ▶ 처음 천은 정사각형 모양이고, ① 한 변의 길이가 20cm예요. 이 천의 ② 가로를 먼저 3cm 잘라서 버리고, 이어서 ③ 세로를 5cm 잘라 버렸어요.

문제 해결 방법 찾기 ▶

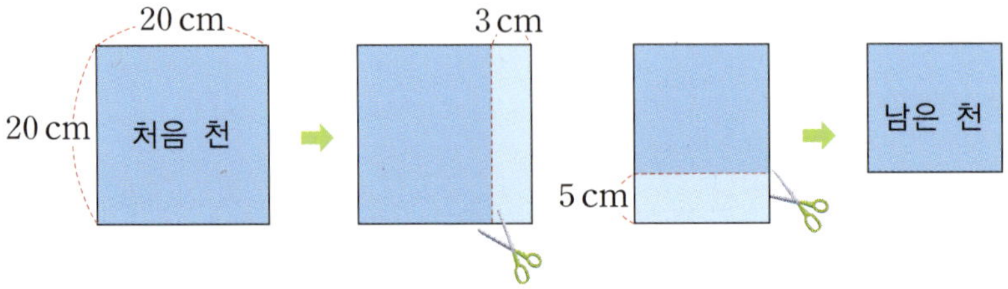

자르기 전의 정사각형 모양의 천의 넓이를 구해 놓고, 남은 천의 가로와 세로의 길이로 넓이를 구해 두 넓이의 차를 구하면 돼요.

답 구하기 ▶ 처음 천의 넓이는 $20 \times 20 = 400(\text{cm}^2)$예요.

줄어든 직사각형의 가로의 길이는 $20 - 3 = 17(\text{cm})$,

줄어든 직사각형의 세로의 길이는 $20 - 5 = 15(\text{cm})$예요.

남은 천의 넓이는 줄어든 두 길이를 곱하면 되니까 $17 \times 15 = 255(\text{cm}^2)$가 되겠네요.

따라서 줄어든 천의 넓이는 $400 - 255 = 145(\text{cm}^2)$예요.

▶ 정답 : 145cm^2

문제 해결의 포인트 줄어든 직사각형의 넓이는 줄어든 가로의 길이, 줄어든 세로의 길이를 구해 곱해 준다.

비슷한 문제

1 한 변의 길이가 7cm인 정사각형이 있습니다. 이 정사각형의 가로를 3cm, 세로를 5cm 늘려 직사각형을 만들었습니다. 늘어난 넓이는 몇 cm^2입니까?

( )

2 한 변의 길이가 30cm인 정사각형이 있습니다. 이 정사각형의 가로와 세로 길이를 처음의 반으로 줄이면 줄어든 넓이는 몇 cm^2입니까?

( )

혼합 계산

여러 가지 연산 기호와 ( ), { }가 섞여 있는 혼합 계산에 관한 문제를 해결할 수 있다.

유형 106 혼합 계산 덧셈, 뺄셈, ( )가 섞여 있는 식 4-1

현지는 문방구점에서 300원짜리 연필 한 자루와 450원짜리 지우개 한 개를 사고, 1000원짜리를 냈습니다. 거스름돈으로 얼마를 받아야 합니까?

(정보 1: 300원짜리 연필 한 자루와, 정보 2: 450원짜리 지우개 한 개를 사고, 정보 3: 1000원짜리를 냈습니다. 구해야 하는 것: 거스름돈)

구해야 하는 것 ▶ 거스름돈이 얼마인지 구하려고 해요.

필요한 정보 골라내기 ▶ 문방구점에서 ①300원짜리 연필 한 자루와 ②450원짜리 지우개 한 개를 사고, ③1000원짜리를 냈어요.
거스름돈이란 낸 돈에서 물건을 산 돈을 빼서 나오는 돈이에요.

문제 해결 방법 찾기와 답 구하기 ▶ 따라서 연필 한 자루와 지우개 한 개의 값을 구한 후 낸 돈에서 빼 주면 거스름돈이 나오겠지요?
(거스름돈)=(낸 돈)−(물건을 산 돈)=1000−(300+450)=250(원)
여기서 (300+450)의 ( )는 너무나도 중요해요.
물건을 산 돈을 하나로 묶어주는 거죠. 낸 돈 1000원에서 300원도 빼고 450원도 빼야 하는데, 빼야 할 돈을 묶어서 먼저 계산한 다음 한꺼번에 빼주는 셈이에요. 그래서 반드시 ( ) 안의 식을 먼저 계산해야 하는 거죠.
만약 ( )가 없는 식을 쓰고 싶다면 1000−300−450=250과 같이 쓸 수도 있어요.

▶ 정답 : 250원

문제 해결의 포인트 덧셈, 뺄셈, ( )가 섞여 있는 계산은 ( )안을 먼저 계산하고, 앞에서부터 차례로 계산한다.

비슷한 문제

1 민준이는 1000원을 가지고 문방구점에 가서 200원짜리 지우개와 400원짜리 볼펜을 샀습니다. 거스름돈으로 얼마를 받아야 합니까?

( )

2 정민이네 반 학생은 남학생이 19명, 여학생이 15명입니다. 이중 9명이 안경을 썼다면, 안경을 쓰지 않은 학생은 몇 명입니까?

( )

107 혼합 계산 곱셈, 나눗셈, ( )가 섞여 있는 식

정보 1 한 개에 4명씩 앉을 수 있는 의자를 정보 2 한 줄에 4개씩 놓고 있습니다. 정보 3 112명이 모두 앉으려면, 의자를 몇 줄 놓아야 합니까?

구해야 하는 것

구해야 하는 것 ▶ 의자를 몇 줄 놓아야 하는지 구해야 해요.

필요한 정보 골라내기 ▶ 1 한 개에 4명씩 앉을 수 있는 의자를 2 한 줄에 4개씩 놓았고, 모두 3 112명이 앉는다고 해요.

문제 해결 방법 찾기 ▶ 의자의 줄 수를 구하는 문제니까 한 줄에 앉을 수 있는 사람 수를 구해서 전체 사람 수인 112로 나눠 주면 구할 수 있겠죠?

답 구하기 ▶ 한 줄에 앉는 사람 수는 $4 \times 4 = 16$(명)이니까

전체 사람 수를 의자의 줄 수로 나누어 주면 한 줄에 앉는 사람 수는 $112 \div (4 \times 4) = 7$(줄)이 되겠네요.

하지만 이런 방법도 있어요.

전체 사람 수를 한 의자에 앉을 수 있는 사람 수로 나눠 봐요. 그럼 $112 \div 4 = 28$(개)의 의자가 필요한 거죠. 그리고, 의자를 한 줄에 4개씩 놓았으니까 의자가 몇 줄이 되는지 구하면

$28 \div 4 = 7$(줄)이 되겠죠.

이것도 하나의 식으로 나타내어 구하면 $112 \div 4 \div 4 = 7$(줄)이 나와요.

▶ 정답 : 7줄

문제 해결의 포인트 곱셈, 나눗셈, ( )가 섞여 있는 계산은 ( ) 안을 먼저 계산하고, 앞에서부터 차례로 계산한다.

비슷한 문제

1 한 봉지에 과자가 5개씩 들어 있습니다. 이 과자 3봉지의 값은 900원입니다. 이 과자 한 개의 가격은 얼마입니까?

( )

2 한 사람이 한 시간에 장난감을 6개씩 만든다고 합니다. 4사람이 장난감을 168개 만들려면, 몇 시간이 걸립니까?

( )

유형 108 혼합 계산 덧셈, 뺄셈과 곱셈 또는 나눗셈이 섞여 있는 식

수연이네 반 학생 38명 중 6명씩 4팀으로 나누어 농구를 하고, 나머지는 다른 반 학생 5명과 함께 구경을 하였습니다. 구경을 한 학생은 모두 몇 명입니까?

(정보 1: 반 학생 38명 / 정보 2: 6명씩 / 정보 3: 4팀으로 / 정보 4: 나머지는 다른 반 학생 5명과 함께 / 구해야 하는 것: 구경을 한 학생은 모두 몇 명)

구해야 하는 것 ▶ 구경을 한 학생 수를 구하려고 해요.

필요한 정보 골라내기 ▶ ①38명 중 ②6명씩 ③4팀으로 나누어 농구를 해요. ④나머지는 다른 반 학생 5명과 함께 구경을 하였다고 해요.

문제 해결 방법 찾기 ▶ 38명에서 농구를 한 학생 수만큼 뺀 다음, 다른 반 학생 수 5명을 더하면 구경한 학생 수를 구할 수 있어요. 식을 세워 봅시다.

답 구하기 ▶ (구경한 학생 수)$=38-$(농구를 한 학생 수)$+5$

농구를 한 학생은 6명씩 4팀이므로 6×4로 나타낼 수 있어요.

따라서 전체 식은

(구경한 학생 수)$=38-(6\times4)+5$로 나타냅니다.

혼합 계산에서 괄호가 있으면 반드시 괄호 안을 먼저 계산하세요. 구경한 학생은 모두

$38-24+5=19$(명)이 나오네요.

덧셈과 뺄셈이 섞인 식은 앞에서부터 차례로 계산하면 되지만 곱셈이나 나눗셈이 하나라도 섞이면 곱셈이나 나눗셈을 먼저 계산하고 남은 계산은 앞에서부터 차례로 계산해 주면 된답니다.

따라서 $38-(6\times4)+5$의 식이나 $38-6\times4+5$의 식은 괄호가 있으나 없으나 계산 순서는 같아요.

▶ 정답 : 19명

문제 해결의 포인트 덧셈, 뺄셈, 곱셈이 섞여 있는 식이나 덧셈, 뺄셈, 나눗셈이 섞여 있는 식은 곱셈이나 나눗셈을 먼저 계산한다.

비슷한 문제

1 감을 팔기 위해 한 상자에 48개씩 담았더니 모두 25상자를 만들고, 37개가 남았습니다. 감은 모두 몇 개입니까?

(　　　　　　)

2 지연이는 5000원을 가지고 한 개에 500원 하는 과자 3봉지를 샀습니다. 남은 돈으로 서점에 가서 동화책을 사려고 하니 3500원이 부족합니다. 지연이가 사려고 한 동화책의 값은 얼마입니까?

(　　　　　　)

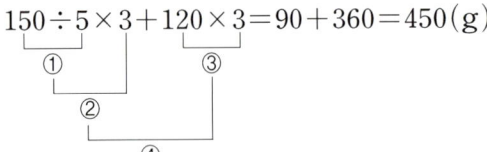

유형 109 혼합 계산 덧셈 또는 뺄셈과 곱셈, 나눗셈이 섞여 있는 식 4-1

정보 1 정보 2

귤 5개의 무게는 150g이고, 사과 한 개의 무게는 120g입니다. 귤 3개와 사과 3개의 무게의 합을 구하시오.

구해야 하는 것

구해야 하는 것 ▶ 귤 3개와 사과 3개의 무게의 합을 구하려고 해요.

필요한 정보 골라내기 ▶ 1 귤 5개의 무게는 150g이고, 2 사과 한 개의 무게는 120g이라고 하네요.

문제 해결 방법 찾기 ▶ 귤 3개와 사과 3개의 무게를 구하려면 귤 1개와 사과 1개의 무게를 먼저 구해야 해요.

답 구하기 ▶ 귤 1개의 무게 대신 귤 5개의 무게가 주어져 있으니 5로 나누면 귤 1개의 무게를 구할 수 있어요.

이어서 귤 1개의 무게에 3을 곱해 주면 귤 3개의 무게를 구할 수 있죠.

➡ $150\div5\times3$

사과 1개의 무게에 3을 곱해 3개의 무게를 구해요.

➡ 120×3

이제 두 과일의 무게를 더합니다.

(귤 3개의 무게)+(사과 3개의 무게)$=\underline{150\div5\times3+120\times3}$으로 식을 세울 수 있어요.

곱셈과 나눗셈을 먼저 계산한 다음에 그 결과들을 더합니다.

$$\underbrace{\underbrace{\underbrace{150\div5}_{①}\times3}_{②}+\underbrace{120\times3}_{③}}_{④}=90+360=450(\mathrm{g})$$

▶ 정답 : 450g

문제 해결의 포인트 덧셈, 곱셈, 나눗셈이 섞여 있는 식, 뺄셈, 곱셈, 나눗셈이 섞여 있는 식은 곱셈이나 나눗셈을 먼저 계산한 다음 나온 값끼리 더하거나 뺀다.

비슷한 문제

1 키위 두 개의 무게는 340g, 감 6개의 무게는 720g입니다. 키위 1개의 무게와 감 2개의 무게의 합은 몇 g입니까?

(　　　　　　　)

2 우유를 민성이네 집은 하루에 1350mL씩 마시고, 지용이네 집은 5일 동안에 4600mL를 마신다고 합니다. 2개월 동안 마시는 우유의 양은 어느 집이 몇 mL 더 많겠습니까? (단, 한 달은 30일로 계산합니다.)

(　　　　　　　)

세영이는 친구들과 함께 색 테이프 80m를 사서 16m를 썼습니다. 남은 색 테이프를 8도막으로 똑같이 나눈 것 중에서 3도막을 세영이가 가졌습니다. 동생은 세영이가 가진 것의 3배보다 12m 더 길게 가지고 있다고 했습니다. 동생이 가지고 있는 색 테이프는 몇 m입니까?

(정보 1: 색 테이프 80m를 사서 / 정보 2: 16m를 썼습니다 / 정보 3: 남은 색 테이프를 8도막으로 똑같이 나눈 것 중에서 3도막을 세영이가 가졌습니다 / 정보 4: 동생은 세영이가 가진 것의 3배보다 12m 더 길게 가지고 있다 / 구해야 하는 것: 동생이 가지고 있는 색 테이프는 몇 m)

구해야 하는 것 ▶ 동생이 가지고 있는 색 테이프의 길이를 구하려고 해요.

필요한 정보 골라내기 ▶ ❶ 색 테이프 80m를 사서 ❷ 16m를 썼습니다. ❸ 남은 색 테이프를 8도막으로 똑같이 나눈 것 중에서 3도막을 세영이가 가졌어요. 그리고 ❹ 동생은 세영이의 3배보다 12m 더 길게 가지고 있다고 해요.

문제 해결 방법 찾기와 답 구하기 ▶

세영이가 색 테이프 80m를 사서 16m를 썼다. ➡ 남은 색 테이프를 8도막으로 똑같이 나눈 것 중에서 3도막을 세영이가 가졌다. ➡ 동생은 세영이의 3배보다 12m더 길게 가지고 있다.

① 먼저 80m짜리 중 16m를 쓰고 남은 것은 80−16,

② 남은 것을 8도막으로 똑같이 나눈 것 중 하나는 (80−16)÷8,

③ 나눈 것 중 3도막의 길이는 (80−16)÷8×3,

④ 이것의 3배는 {(80−16)÷8×3}×3,

⑤ 12m 더 긴 길이는 {(80−16)÷8×3×3}+12

$\{(80-16)\div8\times3\}\times3+12=84$(m)

①=64
②=8
③=24
④=72
⑤=84

식을 모두 세웠어요. 계산 순서는 가장 먼저 { } 안을 계산해야 하고, 그 안에 ( )가 있으면 ( ) 안을 먼저 계산해요.

▶ 정답 : 84m

문제 해결의 포인트 혼합 계산 순서 : { } ➡ ( ) ➡ × 또는 ÷ ➡ + 또는 −

비슷한 문제

1 윤석이는 2000원을 가지고 한 개에 700원 하는 아이스크림 한 개와 세 개에 450원 하는 사탕 4개를 샀습니다. 남은 돈은 얼마입니까?

( )

2 소연이는 색종이를 50장 가지고 있습니다. 성민이는 한 상자에 90장 들어 있는 색종이를 5묶음으로 나누어 한 묶음을 가졌습니다. 형석이는 5장씩 든 색종이를 3묶음 가지고 있습니다. 소연이는 성민이와 형석이가 가진 색종이보다 몇 장 더 많습니까?

( )

연산

플러스 확인 문제

1 지훈이는 어머니와 함께 시장에 갔습니다. 어머니께서 한 마리에 650원 하는 자반 고등어를 3손 사셨다면, 자반 고등어의 값으로 얼마를 내야 합니까? (단, 고등어 한 손은 2마리입니다.)

( )

2 수림이는 1시간에 30개의 영어 단어를 외운다고 합니다. 하루에 2시간씩 영어 단어를 외운다면 수림이가 6월 한 달 동안 외울 수 있는 영어 단어는 모두 몇 개입니까?

( )

3 선생님께서 연필 6다스를 현민이네 반 전체 학생 46명에게 한 자루씩 나누어 주셨습니다. 남은 연필은 몇 자루입니까?

( )

4 어느 가게에 과일 주스가 한 상자에 12병씩 8상자가 있습니다. 이중에서 3상자와 10병을 팔았다면, 남은 과일 주스는 몇 병입니까?

( )

5 영재와 민준이는 똑같은 동화책을 읽고 있습니다. 영재는 하루에 19쪽씩 8일 동안 읽어서 16쪽이 남았고, 민준이는 하루에 24쪽씩 6일 동안 읽었습니다. 민준이가 더 읽어야 하는 동화책은 몇 쪽입니까?

( )

6 다음 조건에 맞는 수와 27의 곱을 모두 구하시오.

- 어떤 수의 6배는 50보다 작습니다.
- 어떤 수의 9배는 60보다 큽니다.
- 어떤 수는 4보다 크고, 10보다 작은 한 자리 수입니다.

( )

7 성현이는 가게에서 풍선껌과 사탕을 합하여 12개 샀습니다. 풍선껌의 수는 사탕의 수의 3배입니다. 개당 가격을 계산해 보니 풍선껌의 가격이 53원이고, 사탕의 가격이 81원일 때, 성현이가 낸 돈은 얼마입니까?

( )

8 현지네 과수원에서 오늘 수확한 감을 한 상자에 70개씩 담아 포장하였더니 모두 80상자에 담고, 39개가 남았습니다. 오늘 수확한 감은 모두 몇 개입니까?

( )

9 성수네 학교 학생들이 운동장에 47명씩 68줄로 서 있습니다. 그중에서 남학생은 18명씩 68줄로 서 있습니다. 여학생은 몇 명입니까?

( )

10 민성이는 쉬지 않고, 1분에 68 m씩 1시간 35분 동안 걸었습니다. 민성이가 걸은 거리는 모두 몇 km 몇 m입니까?

( )

11 호영이네 학교 학생들이 체험학습을 가려고 합니다. 45인승 버스 24대, 36인승 버스 9대에 탔더니 7명의 학생이 남아서 남은 학생들은 모두 승합차에 탔습니다. 체험학습을 가는 학생은 모두 몇 명입니까?

( )

12 문구점에서 양면색종이는 4장에 80원에 팔고, 단면색종이는 5장에 90원에 판다고 합니다. 한 장의 값은 양면색종이와 단면색종이 중 어느 것이 얼마나 더 비쌉니까?

(,)

13 민희네 집에서는 달걀을 하루에 8개씩 일주일 동안 먹으려고 하였더니 2개가 모자랐습니다. 이 달걀을 6일 동안 똑같이 나누어 먹으려면 하루에 몇 개씩 먹어야 합니까?

( )

14 한성이는 수학 문제를 6장 푸는 데 1시간 12분이 걸렸습니다. 같은 빠르기로 11장을 푸는 데는 몇 시간 몇 분이 걸리겠습니까?

( )

15 어떤 수를 76으로 나누어야 할 것을 잘못하여 68로 나누었더니 몫이 8이 되고, 나머지가 54가 되었습니다. 바르게 계산한 몫과 나머지는 각각 얼마입니까?

몫 ( ), 나머지 ( )

16 성준이 아버지께서 한 상자에 8개씩 4줄 들어 있는 귤을 2상자 사 오셨습니다. 이중 이웃집에 8개를 주고, 나머지는 일주일 동안 똑같이 나누어 먹으려고 합니다. 하루에 귤을 몇 개씩 먹을 수 있습니까?

( )

17 가로의 길이가 32m인 벽에 가로가 3m인 그림을 6장 붙이려고 합니다. 그림의 양끝과 그림 사이의 간격을 일정하게 하려면, 간격을 몇 m로 해야 합니까?

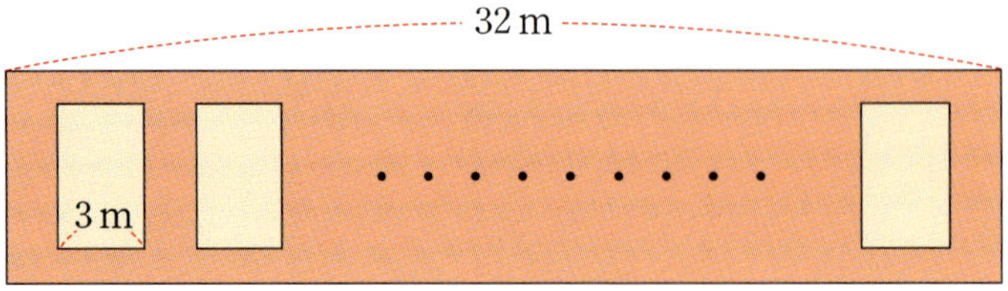

( )

18 세희는 방울토마토와 딸기를 9개의 접시에 똑같게 놓았더니 방울토마토는 3개, 딸기는 5개가 남았습니다. 한 접시에 놓인 방울토마토가 10개, 딸기가 8개라면 처음에 있던 방울토마토와 딸기는 각각 몇 개입니까?

방울토마토 ( ), 딸기 ( )

19 소연이네 학교 3학년 학생들을 8모둠으로 나누면 한 모둠에 7명씩 되고, 남는 학생은 5명보다 적습니다. 또 9모둠으로 나누면 한 모둠에 6명씩 되고, 남는 학생은 5명보다 많습니다. 소연이네 학교 3학년 학생들은 모두 몇 명입니까?

( )

20 혜원이는 색 테이프 7개를 서로 겹쳐서 한 줄로 길게 이어 붙이려고 합니다. 겹쳐지는 부분을 각각 2cm씩으로 하였더니 이은 색 테이프 전체의 길이가 51cm가 되었습니다. 색 테이프 한 개의 길이는 몇 cm입니까?

( )

21 철수네 집에서는 토끼를 기르고 있습니다. 모든 토끼가 하루에 똑같은 개수의 당근을 먹는다고 합니다. 하루에 토끼 4마리가 먹는 당근의 개수가 20개라면, 당근 140개로는 토끼 7마리가 며칠 동안 먹을 수 있겠습니까?

( )

22 가로가 14cm, 세로가 10cm인 직사각형의 넓이는 한 변의 길이가 2cm인 정사각형의 넓이의 몇 배입니까?

( )

23 오이밭은 밑변이 48m, 높이가 26m인 삼각형 모양입니다. 배추밭은 오이밭의 넓이와 같고, 가로의 길이가 39m인 직사각형 모양입니다. 배추밭의 세로의 길이는 몇 m입니까?

( )

24 연지는 어제 어머니께 받은 용돈 5000원을 가지고 문방구점에 가서 300원짜리 연필 8자루를 샀습니다. 오늘 아버지께서 용돈 3000원을 주셨다면, 연지가 가지고 있는 용돈은 모두 얼마입니까?

( )

규칙성과 문제 해결

start!

"문제속의 규칙을 찾고,
여러 가지 방법으로 해결하자."

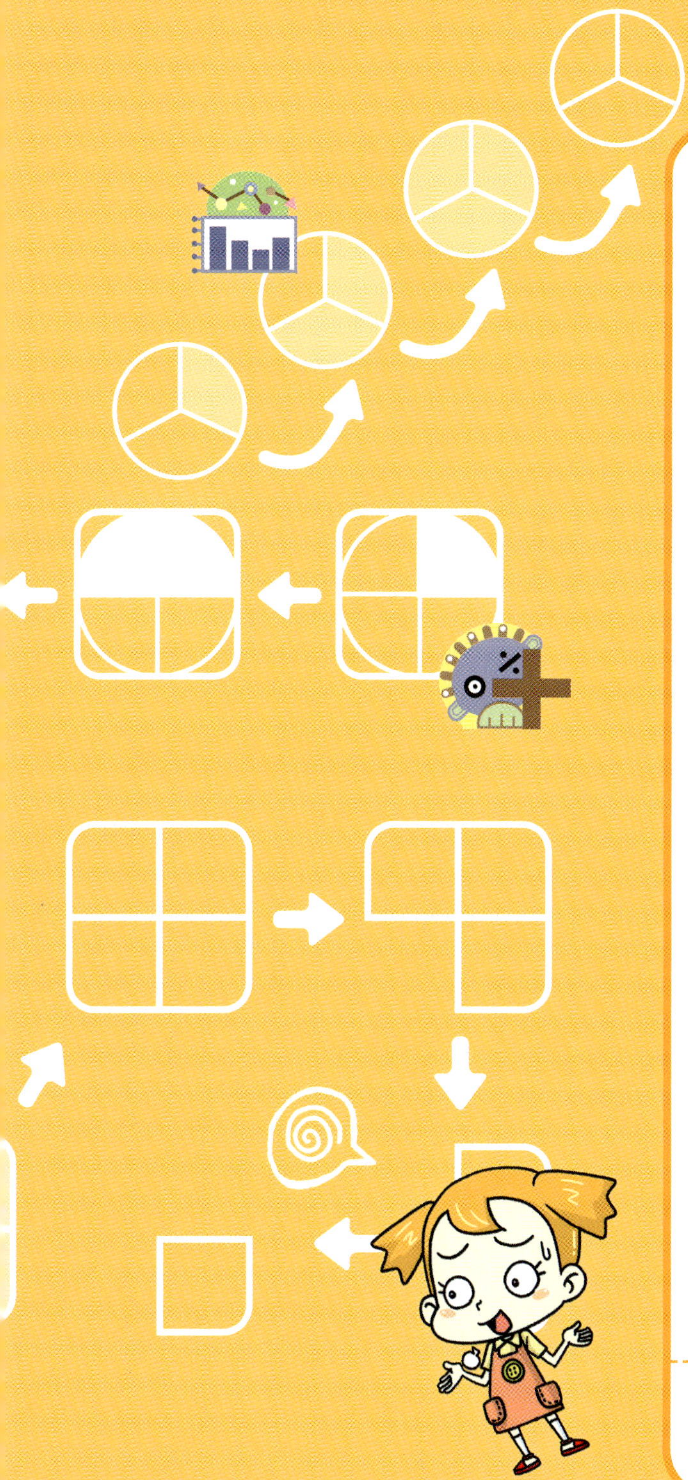

들어가기 직전

간단한 질문에 답해 보자.

- 엄마와 나의 나이 차는 시간이 가면 변할까?

  답 ______

- 모르는 수가 있는 상태로 식을 세울 때는 어떻게 할까?

  답 ______

- 구슬 한 묶음이 10개이면 두 묶음은 몇 개입니까?

  답 ______

정민	수진	민혁
201g	399g	348g

  위처럼 정리하기 편리한 이것의 이름은?

  답 ______

- 같은 요일은 얼마나 자주 올까?

  답 ______

- 10월의 날수는?

  답 ______

- 빨-파-노-빨-파-? , ?에 올 글자는?

  답 ______

- 펼친 책의 왼쪽 쪽수가 20쪽일 때, 오른쪽 쪽수는 몇 쪽?

  답 ______

- 자전거, 자동차, 오토바이 중 바퀴 수가 다른 하나는?

  답 ______

정답 : 변하지 않는다, 모르는 수를 □로 둔다, 20개, 표, 7일 마다 한 번, 31일, 노, 21쪽, 자동차

규칙성과 문제 해결 1

다양한 실생활 문제를 식 세우기 패턴을 활용하여 해결할 수 있다.

유형 111 규칙성과 문제 해결 1 두 수의 합이나 차를 이용하여 풀기 3-2, 4-1, 4-2

지우는 오늘 가게에서 사탕과 초콜릿을 합해서 30개를 샀습니다. 사탕을 초콜릿보다 8개 더 많이 샀다면, 사탕과 초콜릿을 각각 몇 개씩 샀습니까?

구해야 하는 것 ▶ 사탕과 초콜릿을 각각 몇 개씩 샀는지 구하려고 해요.

필요한 정보 골라내기 ▶ 사탕과 초콜릿을 합해서 30개를 샀는데 사탕을 초콜릿보다 8개 더 많이 샀다고 해요. 즉 사탕과 초콜릿의 합은 30, 차는 8이에요.

문제 해결 방법 찾기 ▶ 두 수의 합과 차를 알면 두 수를 각각 구할 수 있어요.
두 가지 방법을 생각해 볼 수 있어요.
첫째, 두 수의 합에 두 수의 차를 더해 준 다음 2로 나누면 두 수 중 큰 수를 구할 수 있어요.
둘째, 두 수의 합에서 두 수의 차를 뺀 다음 2로 나누면 두 수 중 작은 수를 구할 수 있어요.

답 구하기 ▶ 첫째 방법으로 더 큰 수부터 구해 볼까요? 더 많은 쪽은 사탕의 개수이니까 30에 차 만큼인 8을 더해 준 다음 2로 나누어 주면 사탕은 $(30+8)\div2=19$(개)임을 알 수 있어요.
그럼 초콜릿은 $30-19=11$(개)가 되는 거예요.

▶ 정답 : 사탕 19개, 초콜릿 11개

문제 해결의 포인트 두 수의 합과 차를 알 때, 두 수 중 큰 수 : {(두 수의 합)+(두 수의 차)}÷2
두 수 중 작은 수 : {(두 수의 합)−(두 수의 차)}÷2

비슷한 문제

1 정연이네 마을 학생은 모두 376명이고, 여학생이 남학생보다 20명 더 많습니다. 여학생은 모두 몇 명입니까?

(　　　　　　)

2 길이가 50cm인 자가 부러졌습니다. 부러진 자를 서로 맞대어 보았더니 한 쪽이 다른 한쪽보다 8cm 더 길었습니다. 두 도막 중 짧은 도막의 길이를 구하시오.

(　　　　　　)

두 수의 합이나 차가 일정한 경우 3-2, 4-1, 4-2

정보 1 정보 2

올해 어머니의 연세는 41세이고 하은이의 나이는 11살입니다. 어머니의 연세가 하은이의 나이의 3배가 되는 때는 올해부터 몇 년 후인지 구하시오.

구해야 하는 것

구해야 하는 것 ▶ 어머니의 연세가 하은이의 나이의 3배가 되는 때는 올해부터 몇 년 후인지 구하려고 해요.

필요한 정보 골라내기 ▶ ① 올해 어머니의 연세는 41세이고, ② 하은이의 나이는 11살이라고 하네요.

문제 해결 방법 찾기 ▶ 나이는 모두가 1년에 1살씩 먹기 때문에 나이의 차는 몇 년이 흘러도 변하지 않아요. 이것을 이용합니다.

답 구하기 ▶ 〈현재〉 〈몇 년 후〉

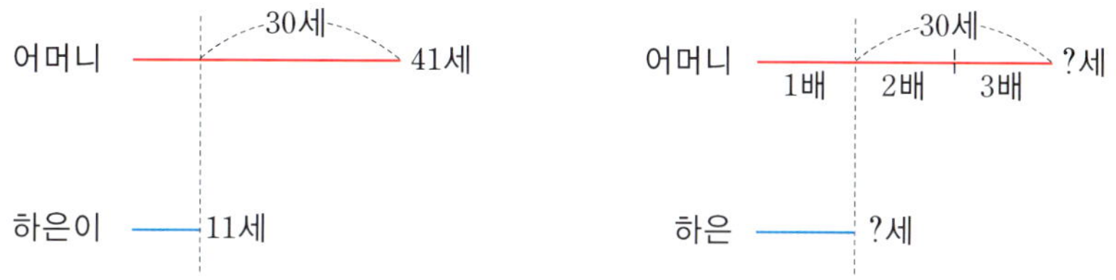

나이의 차는 변함이 없기 때문에 하은이의 나이가 어머니와의 나이 차의 절반이 되어야 해요. 그때가 하은이의 나이의 3배가 어머니의 나이가 되는 시점이죠.

어머니와 하은이의 나이의 차는 $41-11=30$(살)이고, 이의 절반은 $30 \div 2=15$(살)이네요. 하은이가 15살이 되는 때는 $15-11=4$(년) 후가 되는 거예요.

▶ 정답 : 4년 후

문제 해결의 포인트 모든 사람들이 똑같이 나이를 먹기 때문에 사람들 사이의 나이의 차는 변하지 않는다.

비슷한 문제

1 올해 할아버지의 연세는 63세이고, 진수의 나이는 8살입니다. 할아버지의 연세가 진수의 나이의 6배가 되는 것은 몇 년 후가 됩니까?

( )

2 혜수는 3500원을, 민호는 5500원을 가지고 있습니다. 혜수가 민호에게 얼마를 주고 나니 민호의 돈이 혜수의 돈의 2배가 되었습니다. 혜수가 민호에게 준 돈은 얼마입니까?

( )

서로 다른 양으로 나누어 주기

정보 1

정민이와 종수가 모은 카드는 56장입니다. 이 카드를 두 사람이 다시 나누어 가지려고 하는데 정보 2 정민이가 종수의 2배보다 8장 더 많이 가지려고 합니다. 정민이와 종수는 각각 몇 장씩 가져야 합니까?

구해야 하는 것

구해야 하는 것 ▶ 정민이와 종수이가 가져야 하는 카드 수를 구하려고 해요.

필요한 정보 골라내기 ▶ ① 카드는 56장이고, 이 카드를 두 사람이 나누어 가지려고 해요. ② 정민이가 종수의 2배보다 8장 더 많이 가지려고 하고요.

문제 해결 방법 찾기 ▶ 이렇게 똑같이 나누어 주지 않고 정해진 다른 양으로 나눠 주는 경우에는 모르는 수를 □로 두어 식을 하나로 세워 풀어 보세요.

답 구하기 ▶ 종수가 가지는 카드 수를 □라 하면 정민이가 가지는 카드 수는 □×2+8로 놓을 수 있어요.

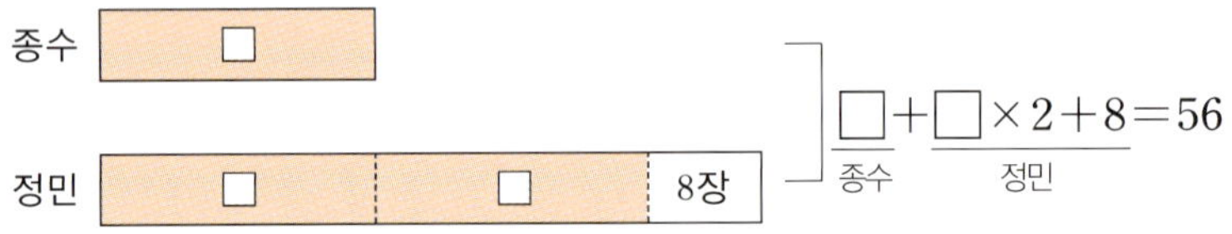

위 그림을 살펴보세요. 전체 56장에서 8장을 빼면 남은 카드 수는 □의 3배가 돼요.

□×3=56−8 ➡ □×3=48 ➡ □=48÷3=16

종수가 가지는 카드 수가 16장이므로 정민이는 16×2+8=40(장)을 가져야 해요.

▶ 정답 : 종수 16장, 정민 40장

문제 해결의 포인트 서로 다른 양으로 나누어 주는 경우에는 나누어 주는 양의 차만큼을 전체에서 뺀 후, 모르는 수 (□)와의 나눗셈을 이용한다.

비슷한 문제

1 재석, 명수, 지원이가 900원의 돈을 나누어 가지려고 합니다. 명수는 재석이보다 50원 많게, 지원이는 명수보다 50원 많게 나누어 가진다면 재석, 명수, 지원이는 각각 얼마씩 갖게 됩니까?

(, ,)

2 42개의 구슬을 지원이가 유정이의 2배가 되도록 나누어 가졌습니다. 유정이는 구슬을 몇 개 가졌습니까?

( )

중복되는 부분을 생각하여 계산하기

3-2, 4-1, 4-2

지민이는 달걀 3개와 바구니 4개를 사고 4600원을 냈습니다. 희수는 달걀 8개와 바구니 4개를 사고 5400원을 냈습니다. 그렇다면 달걀 1개의 가격은 얼마입니까?

(정보 1: 달걀 3개와 바구니 4개 / 정보 2: 4600원 / 정보 3: 달걀 8개와 바구니 4개 / 정보 4: 5400원 / 구해야 하는 것: 달걀 1개의 가격)

구해야 하는 것 ▸ 달걀 1개의 가격을 구하려고 해요.

필요한 정보 골라내기 ▸ 지민이는 ①달걀 3개와 바구니 4개를 사고 ②4600원을, 희수는 ③달걀 8개와 바구니 4개를 사고 ④5400원을 냈다고 해요. 두 사람 다 바구니는 4개를 샀어요.

문제 해결 방법 찾기 ▸

지민이와 희수가 산 것을 비교하면 왼쪽 그림과 같아요. 희수는 지민이보다 달걀을 5개 더 산 거죠. 희수가 산 가격에서 지민이가 산 가격을 뺀 만큼은 달걀 5개의 가격이에요. 달걀 5개의 가격을 알면 1개의 가격도 구할 수 있어요.

답 구하기 ▸ (달걀 5개의 가격) $=5400-4600=800$(원)

(달걀 1개의 가격) $=800\div5=160$(원)

▶ 정답 : 160원

문제 해결의 포인트 각각의 값을 알 수 없을 때에는 중복되는 부분이 있는지 생각하여 중복되는 부분이 있으면 서로 없앤 후 해결한다.

비슷한 문제

1 빈 통에 물을 가득 넣고 무게를 재었더니 780g이었는데 물을 반만큼 마시고 나서 무게를 재었더니 430g이었습니다. 빈 통의 무게는 몇 g입니까?

( )

2 색종이 6장과 도화지 2장의 값은 640원이고, 색종이 3장과 도화지 3장의 값은 720원입니다. 색종이 1장의 값은 얼마입니까?

( )

유형 115 규칙성과 문제 해결 1 전체의 차를 부분의 차로 나누어 구하기 3-2, 4-1, 4-2

정보 1 종현이의 저금통에는 1000원, 정보 2 수연이의 저금통에는 2400원이 들어 있습니다. 오늘부터 정보 3 종현이는 300원, 정보 4 수연이는 100원씩 저금하려고 합니다. 두 사람이 저금한 금액이 같아지는 때는 며칠 후입니까?

구해야 하는 것

구해야 하는 것 ▶ 두 사람이 저금한 금액이 같아지는 때는 며칠 후인지 구하려고 해요.

필요한 정보 골라내기 ▶ 1 지금 종현이 저금통에는 1000원, 2 수연이의 저금통에는 2400원이 들어 있어요. 3 오늘부터 종현이는 300원, 4 수연이는 100원씩 저금하려고 해요.

문제 해결 방법 찾기 ▶ 현재 저금통에 있는 돈은 종현이가 수연이보다 $2400-1000=1400$(원) 적어요.
하지만 종현이는 수연이보다 하루에 $300-100=200$(원)씩 더 저금하는 셈이죠? 그럼 1400원이란 차이가 하루에 200원씩 줄어들 거예요.
두 사람의 저금액의 차가 200원씩 줄어들다 보면 어느 순간 같아지는 때가 생겨요.

답 구하기 ▶

돈의 차: 1400원 —(−200원)→ 1200원 —(−200원)→ 1000원 —(−200원)→ ···

두 사람의 저금액의 차가 0원이 되는 때는 $1400\div200=7$(일) 후가 됩니다.

▶ 정답 : 7일 후

문제 해결의 포인트 전체의 차(처음에 저금통에 들어 있는 돈의 차)에 부분의 차(매일 저금을 하는 금액의 차)가 영향을 준다. 부분의 차로 전체의 차를 나누어 구하고자 하는 시점을 알아본다.

비슷한 문제

1 물통에 물을 채우는 데 1분에 12L씩 넣는 데 구멍이 나서 1분에 3L씩 물이 빠져 나갑니다. 물탱크 안에 360L의 물을 가득 채웠다면, 몇 분 동안 물을 채운 것입니까?

(   )

2 민지는 280쪽짜리 동화책을, 주호는 200쪽짜리 동화책을 읽으려고 합니다. 민지는 매일 30쪽을, 주호는 매일 14쪽을 읽는다고 할 때, 두 사람이 읽고 남은 쪽수가 같아지는 때는 며칠 후입니까?

(   )

유형 116 규칙성과 문제 해결 1 한쪽을 다른 쪽으로 바꾸어 구하기 3-2, 4-1, 4-2

어느 동물원의 어른 한 명의 입장료가 어린이 2명의 입장료와 같다고 합니다.(정보 1) 어른 4명과 어린이 3명이 입장료로(정보 2) 49500원을 냈다고(정보 3) 할 때, 어른 한 명의 입장료는 얼마입니까?(구해야 하는 것)

구해야 하는 것 ▶ 어른 한 명의 입장료를 알고 싶어해요.

필요한 정보 골라내기 ▶ ① 어른 한 명의 입장료는 어린이 2명의 입장료와 같아요. ② 어른 4명과 어린이 3명의 입장료는 ③ 49500원이에요.

문제 해결 방법 찾기와 답 구하기 ▶ 어른 4명의 입장료는 어린이 $4\times2=8$(명)의 입장료와 같아요.
그럼 49500원을 어린이의 입장료만으로 나타내어 볼까요?
(어른 4명)+(어린이 3명)=49500원에서 어른 4명의 입장료를 어린이 8명의 입장료로 바꿔 주면 (어린이 8명)+(어린이 3명)=49500원과 같아요.
그럼 어린이 11명의 입장료는 49500원이지요.
어린이 1명의 입장료는 $49500\div11=4500$(원)이 나오네요.
어른의 입장료는 어린이의 2배이니까 $4500\times2=9000$(원)이에요.

▶ 정답 : 9000원

문제 해결의 포인트 두 양의 조건이 서로 다르게 주어질 때에는 둘 중 어느 한쪽으로 바꾸어서 그 한 쪽에 대해서만 생각한다.

비슷한 문제

1 구슬이 9개씩 들어 있는 통과 6개씩 들어 있는 통이 모두 30개 있습니다. 구슬을 모두 세어 보니 243개입니다. 구슬이 6개씩 들어 있는 통은 몇 개입니까?

(   )

2 세발자전거와 두발자전거가 합하여 30대가 있습니다. 바퀴의 수가 모두 78개라면, 세발자전거는 몇 대입니까?

(   )

규칙성과 문제 해결 2

주어진 문제의 조건을 이용하여 다양한 문제 해결 전략을 갖고, 문제를 해결할 수 있다.

유형 117 규칙성과 문제 해결 2 그림을 그려서 해결하기 3-2, 4-1, 4-2

효은이와 동생이 가지고 있던 돈을 모았더니 25000원이었습니다.(정보 1) 동생이 가지고 있던 돈이 효은이가 가지고 있던 돈의 $\frac{2}{3}$(정보 2)라면, 효은이와 동생이 가지고 있던 돈은 각각 얼마입니까?

구해야 하는 것

구해야 하는 것 ▶ 효은이와 동생이 가지고 있던 돈을 각각 구하려고 해요.

필요한 정보 골라내기 ▶ 효은이와 동생이 가지고 있던 돈을 모았더니 ①25000원이었고, 동생은 효은이의 ②$\frac{2}{3}$ 만큼만 가지고 있대요.

문제 해결 방법 찾기와 답 구하기 ▶ 그림을 그려서 두 값을 더해 전체를 5로 나누어 봅시다.

그중의 3은 효은이가 가지고 있던 돈, 나머지 2를 동생이 가지고 있던 돈이라 나타내어 보는 거예요.

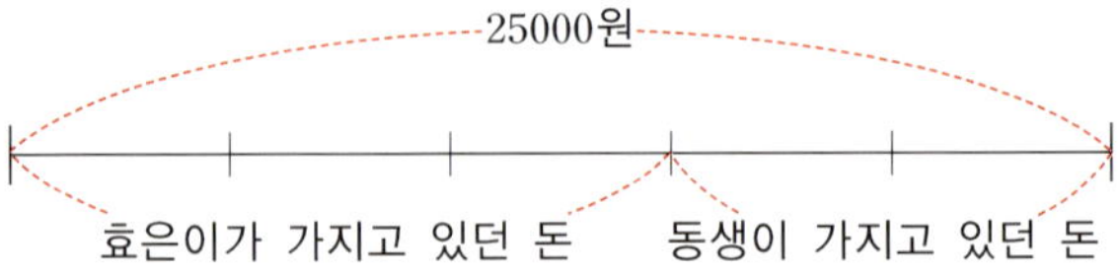

그럼 전체가 25000원이라 했으니 눈금 한 칸의 크기는 5000원이 되겠죠? 효은이가 가지고 있던 돈은 5칸 중 3칸이니까 $5000 \times 3 = 15000$(원)이 되고, 동생이 가지고 있던 돈은 5칸 중 2칸이니까 $5000 \times 2 = 10000$(원)이 되는 거예요.

▶ 정답 : 효은 15000원, 동생 10000원

문제 해결의 포인트 복잡한 말을 그림이나 표로 나타내어 한눈에 보기 쉽게 만든다.

비슷한 문제

1 갑, 을, 병, 정 4사람이 서로 한 번씩 악수를 하려고 합니다. 악수를 모두 몇 번 해야 합니까?

( )

2 준호네 학교 4학년 5개 반이 서로 한 번씩 피구 경기를 하려고 합니다. 모두 몇 번의 경기를 해야 합니까?

( )

식을 만들어서 해결하기

어느 아이스크림 가게에 손님 3명이 와서 아이스크림을 샀습니다. 아이스크림의 무게를 반올림하여 십의 자리까지 나타낸 후[정보 1] 10g당 140원의[정보 2] 가격으로 아이스크림을 판매하였습니다. 3명의 손님에게 받은 돈은 모두 얼마입니까? (구해야 하는 것)

정민	수진	민혁
201g	399g	348g

구해야 하는 것 ▶ 3명의 손님에게 받은 돈의 합을 구하려고 해요.

필요한 정보 골라내기 ▶ 3명의 손님이 사 간 아이스크림의 무게가 각각 201g, 399g, 348g이고, 아이스크림의 무게를 반올림하여 십의 자리까지 나타낸 후(1) 10g당 140원의 가격으로(2) 아이스크림을 판매한다고 해요.

문제 해결 방법 찾기 ▶ 우선 반올림하여 십의 자리까지 나타내세요. 그리고 나타낸 몇십과 140과의 곱셈식을 세워 모두 더하면 돼요.

답 구하기 ▶ 첫째, 아이스크림의 무게를 반올림하여 십의 자리까지 나타내어 보세요.

201g ➡ 200g (버린다), 399g ➡ 400g (올린다), 348g ➡ 350g (올린다)

둘째, 10g이 몇 번씩 들어가는지 알아보세요.

200÷10=20(번), 400÷10=40(번), 350÷10=35(번)

셋째, 각각의 아이스크림이 얼마인지 곱셈으로 알아보세요.

20×140=2800(원), 40×140=5600(원), 35×140=4900(원)

넷째, 어린이 3명의 아이스크림 가격의 합을 구하면 돼요.

2800+5600+4900=13300(원)

▶ 정답 : 13300원

문제 해결의 포인트

문제 순서에 맞게 식을 만들고 해결한다.

① 더 길다, 더 많다, 커졌다, 더하면, 모두 얼마인지 : 덧셈(+)
② 몇 배, 몇씩 얼마만큼, 두 수의 곱 : 곱셈(×)
③ 더 짧다, 더 적다, 작아졌다, 두 수의 차이 : 뺄셈(−)
④ 몇 번 들어가는지, 몇 명에게 나누어 줄 수 있는지 : 나눗셈(÷)

비슷한 문제

1 어느 날 낮의 길이는 밤의 길이보다 3시간 10분이 더 길었습니다. 이 날 해가 뜬 시각이 오전 5시 35분일 때, 해가 진 시각은 오후 몇 시 몇 분입니까?

(　　　　　　　　)

규칙을 찾아서 해결하기

3-2, 4-1, 4-2

정보 1 오늘은 7월 19일 금요일입니다. 현지네 학교는 오늘 여름방학을 했습니다. 정보 2 개학은 8월 27일에 한다고 합니다. 현지네 학교는 개학을 무슨 요일에 합니까? (구해야 하는 것)

구해야 하는 것 ▶ 개학날의 요일을 알아보려고 해요.

필요한 정보 골라내기 ▶ 현지네 학교는 ① 여름 방학을 7월 19일 금요일에 했고, ② 개학은 8월 27일에 한다고 해요.

문제 해결 방법 찾기 ▶ 시작한 날과 마지막 날의 날짜를 알기 때문에 시작한 날과 마지막 날까지의 날수를 구한 뒤 7로 나눠서 요일을 알아내면 돼요. 일주일은 7일이고 같은 요일은 7일에 한 번씩 반복된다는 달력의 규칙을 이용하는 것이죠.

답 구하기 ▶ 7월의 날수는 31일이에요. 그러니까 7월 19일부터 8월 27일까지 7월은 $31-19=12$(일), 8월 27일 있으니까 개학을 하는 날은 방학한 날로부터 $12+27=39$(일) 후가 되는 거네요.
따라서 $39 \div 7 = 5 \cdots 4$이므로 금요일이 5번 반복되고 4번째 날이에요.
1일 후는 토요일, 2일 후는 일요일, 3일 후는 월요일, 4일 후는 화요일이 되네요.
따라서 개학을 하는 날은 오늘부터 4일 후의 요일과 같은 화요일입니다.

▶ 정답 : 화요일

문제 해결의 포인트

요일 구하는 방법
① 같은 요일은 7일마다 반복된다.
② 기간을 7로 나눈 나머지의 숫자에 따라 요일을 알 수 있다.
예) 오늘이 일요일이면 나머지에 따라 요일이 다음과 같이 바뀐다.

나머지	0	1	2	3	4	5	6
요일	일	월	화	수	목	금	토

비슷한 문제

1 예림이가 어느 해 달력을 보았더니 5월 5일 어린이날이 토요일이었습니다. 이 해의 8월 5일은 무슨 요일입니까?

( )

2 성주는 가족과 함께 영화를 보러 갔습니다. 영화는 1회가 10시 10분에 시작해서 11시 30분에 끝나고, 20분의 휴식 시간 후 다시 2회가 시작됩니다. 성주네 가족은 5회를 보기로 했습니다. 5회가 끝나는 시각은 오후 몇 시 몇 분입니까?

( )

거꾸로 생각하여 해결하기

3-2, 4-1, 4-2

소영이가 지영이에게 가지고 있는 스티커의 $\frac{5}{9}$를 주고, 민지에게 26장을 주었더니 10장이 남았습니다. 소영이가 처음에 가지고 있던 스티커는 몇 장입니까?

(정보 1: 소영이가 지영이에게 가지고 있는 스티커의 $\frac{5}{9}$를 주고 / 정보 2: 민지에게 26장을 주었더니 / 정보 3: 10장이 남았습니다 / 구해야 하는 것: 소영이가 처음에 가지고 있던 스티커는 몇 장입니까?)

구해야 하는 것 ▶ 소영이가 처음에 가지고 있던 스티커 수를 구하려고 해요.

필요한 정보 골라내기 ▶ 소영이가 ①지영이에게 전체 스티커의 $\frac{5}{9}$를 주고, ②민지에게 26장을 줬더니 ③10장이 남았다고 해요.

문제 해결 방법 찾기 ▶ 일이 일어난 순서대로 정리해 볼까요?

지영이에게 전체 스티커의 $\frac{5}{9}$를 줬다. ➡ 민지에게 스티커 26장을 줬다. ➡ 남은 스티커는 10장이다.

남은 스티커 수를 알고 있으니까 거꾸로 생각해 보세요.

답 구하기 ▶ 10장은 민지에게 스티커 26장을 주고 남은 수예요. 즉 26장을 주기 전에는 $10+26=36$(장)이었죠.

지영이에게 전체의 $\frac{5}{9}$를 주기 전의 수를 구해 보세요.

전체를 1이라고 보았을 때 $\frac{5}{9}$를 주고 자신에게 남은 것은 $\frac{4}{9}$였겠죠? $\frac{4}{9}$가 36장이라는 의미예요.

$\frac{4}{9}$가 36이라면 $\frac{1}{9}$은 9예요. 그럼 전체는 $\frac{9}{9}=1$이니까 처음에 가지고 있던 스티커 수는 $9\times9=81$(장)이 되는 거예요.

▶ 정답 : 81장

문제 해결의 포인트 사건이 일어난 반대 순서로 계산을 할 때에는 덧셈 ↔ 뺄셈, 곱셈 ↔ 나눗셈으로 바꾸어 계산한다.

비슷한 문제

1 영훈이는 용돈으로 학용품을 사는 데 1500원, 과자를 사는 데 700원을 쓰고, 남은 돈을 세어 보니 2800원이었습니다. 처음 용돈은 얼마입니까?

(　　　　　　)

2 선생님께서 끈을 똑같이 5도막으로 잘라서 5개 반에 한 도막씩 나누어 주셨습니다. 용주네 반은 그것을 똑같이 7도막으로 나누어 가졌습니다. 마지막 나눈 끈의 길이가 2m일 때, 처음 끈의 길이는 몇 m입니까?

(　　　　　　)

예상하고 확인하여 해결하기

3-2, 4-1, 4-2

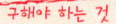

지수는 가지고 있던 구슬을 한 봉지에 27개씩 담았습니다.(정보 1) 봉지에 담은 구슬의 수는 모두 16□개였습니다.(정보 2) 구슬을 몇 봉지에 담았습니까?(구해야 하는 것)

구해야 하는 것 ▶ 구슬을 몇 봉지에 담았는지 구하려고 해요.

필요한 정보 골라내기 ▶ 문제에서 보니까 구슬을 ①한 봉지에 27개씩 담았고, ②담은 구슬의 수는 모두 16□개였다고 하네요.
'27개씩 몇 봉지에 담은 구슬 수는 모두 16□개이다' 의 식을 세워요. 27 × ● = 16□

문제 해결 방법 찾기 ▶ 여기서는 모르는 수가 2개나 되니까 ● 의 값을 하나씩 예상해 봅니다.
먼저 27과 ● 의 곱이 세 자리 수가 되어야 하니까 빨간색 선으로 표시한 부분,
2 × ● 의 곱이 두 자리 수가 되는 경우부터 예상해 봅니다.

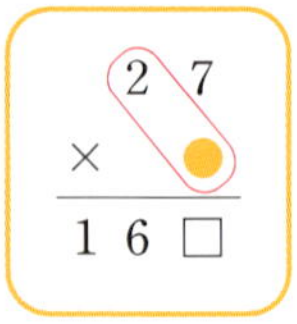

답 구하기 ▶ [예상 1] ● = 5라면 27 × 5 = 135가 되어 16□보다는 작죠. 그럼 ● = 5는 아니지만 5보다는 큰 수가 되어야 해요.
[예상 2] ● = 6을 넣어 볼까요? 27 × 6 = 162이므로 □ = 2임을 알 수 있어요.
따라서 담은 구슬의 봉지 수는 6봉지가 되고, 전체 구슬 수는 162개가 된다는 걸 알 수 있답니다.

▶ 정답 : 6봉지

문제 해결의 포인트 모르는 수가 2개 이상이면 하나의 수를 예상하고 확인하는 것을 반복한다.

비슷한 문제

1 병희가 수학 공부를 하려고 수학책을 펼쳤더니 펼친 두 쪽수의 곱이 1056이었습니다. 펼친 두 쪽수는 각각 몇 쪽입니까?

( )

2 찬희네 반 학생은 모두 34명인데 남학생이 여학생보다 4명이 더 많다고 합니다. 찬희네 반 남학생 수는 몇 명입니까?

( )

3 형준이는 200원짜리와 300원짜리 공책을 합하여 10권 사고, 2700원을 냈습니다. 200원짜리와 300원짜리 공책을 각각 몇 권 샀습니까?

200원짜리 ( ), 300원짜리 ( )

표를 만들어서 해결하기

3-2, 4-1, 4-2

민희는 미술 시간에 만들기를 하려고 길이가 40cm인 철사를 두 도막으로 자르려고 합니다. 긴 도막이 짧은 도막보다 8cm 더 길게 하려면, 긴 도막은 몇 cm로 해야 합니까?

정보 1 정보 2 정보 3 구해야 하는 것

구해야 하는 것 ▶ 철사 두 도막 중 긴 도막의 길이를 구하려고 해요.

필요한 정보 골라내기 ▶ ① 철사 전체 길이가 40cm이고 ② 두 도막으로 자르려고 해요. 단, ③ 긴 도막이 짧은 도막보다 8cm 더 길게 하려고 해요.

문제 해결 방법 찾기 ▶ 철사 전체 길이는 변함이 없죠? 이번 문제는 긴 도막의 길이, 짧은 도막의 길이, 두 도막의 차를 동시에 생각해줘야 해요. 이렇게 생각해야 할 조건이 많은 경우 그것을 한눈에 볼 수 있는 표를 만들어서 구할 수 있어요.

답 구하기 ▶ 표에 넣어야 할 항목을 적어 주고, 긴 도막과 짧은 도막의 길이의 합이 40cm가 되도록 적어 주세요.

긴 도막(cm)	21	22	23	24
짧은 도막(cm)	19	18	17	16
차(cm)	2	4	6	8

긴 도막과 짧은 도막의 길이의 합이 40cm이고, 차가 8cm인 경우를 찾으면 긴 도막은 24cm, 짧은 도막은 16cm인 경우라는 것이 한눈에 보인답니다.

▶ 정답 : 24cm

문제 해결의 포인트 조건이 여러 가지인 경우 표로 정리하면 한눈에 볼 수 있다. 표를 만들 때에는 항목들이 서로 어떠한 관계인지를 염두해 둔다.

비슷한 문제

1 농장에 돼지와 닭이 모두 35마리 있습니다. 돼지와 닭의 다리를 세어 보니 모두 108개였습니다. 돼지와 닭은 각각 몇 마리입니까?

돼지 (　　　　　　), 닭 (　　　　　　)

2 영진이네 학교의 아람단은 34명이고, 남학생은 여학생보다 6명 더 많습니다. 남학생과 여학생은 각각 몇 명입니까?

남학생 (　　　　　　), 여학생 (　　　　　　)

유형 123 규칙성과 문제 해결 2 | 조건을 따져 가며 해결하기 3-2, 4-1, 4-2

현정이와 친구들의 제자리멀리뛰기 기록입니다. 조건1 현정이는 영배보다 멀리 뛰었지만, 조건2 정선이보다 멀리 뛰지는 못했습니다. 현정이의 기록을 나타내는 조건3 소수 두 자리 수에서 조건4 소수 첫째 자리 숫자가 나타내는 수는 소수 둘째 자리 숫자가 나타내는 수의 30배라고 할 때, 현정이의 기록을 구하시오. (구해야 하는 것)

이름	기록
영배	1.60m
현정	?
정선	1.70m

구해야 하는 것 ▶ 현정이의 제자리멀리뛰기 기록을 구하려고 해요.

필요한 정보 골라내기 ▶ 주어진 조건들을 차분히 따져 가며 풀어 봅시다.

문제 해결 방법 찾기와 답 구하기 ▶ ① 현정이는 영배보다 멀리 뛰었고, ② 정선이보다는 멀리 뛰지는 못했다고 해요.

➡ 영배 < 현정 < 정선

주어진 표에서 영배는 1.60m, 정선이는 1.70m가 기록이에요. ➡ 1.60m < 현정 < 1.70m

따라서 현정이의 기록을 ③ 소수 두 자리 수로 나타내면, 1.6■ 이에요.

④ 소수 첫째 자리 숫자가 나타내는 수는 소수 둘째 자리 숫자가 나타내는 수의 30배라고 하네요.

소수 첫째 자리의 숫자 6은 0.6을 나타내요. ■ 의 30배가 0.6이려면 ➡ 0.6 ÷ 30 = ■,

■ = 0.02

조건을 따지다 보니 현정이의 기록은 1.62m가 된다는 것을 알 수 있어요.

▶ 정답 : 1.62m

문제 해결의 포인트 0.㉠㉡에서 ㉠은 ㉡의 10배가 되므로 ㉠이 ㉡의 30배가 된다는 것은 ㉠=㉡×3과 같다.

비슷한 문제

1 승권, 윤성, 동후는 3월부터 은행에 저축했습니다. 오늘 세 사람의 통장에 들어 있는 돈은 다음과 같습니다. 저금을 많이 한 순서대로 이름을 쓰시오.

승권	윤성	동후
7462	8611	4897

( )

2 저출산으로 인해 초등학생 수가 줄어들고 있습니다. 2006년 초등학생 수는 392만 5113명으로 2005년에 비해 약 10만 명 가량 줄어든 것으로 나타났습니다. 초등학생 수가 둘째 번으로 많은 연도와 넷째 번으로 많은 연도를 차례로 쓰시오.

연도(년)	2002	2003	2004	2005	2006
초등학생 수(명)	413만 8366	417만 5626	411만 6195	402만 2801	392만 5113

(,)

단순화하여 해결하기

3-2, 4-1, 4-2

대희는 작년 여름 방학에 사막체험을 다녀 왔습니다. 사막에서 밤에 야영을 할 때 야생동물들이 들어오지 못하도록 야영지 둘레에 울타리를 쳐야 한다고 합니다. 정사각형 모양의 땅 둘레에 기둥을 한 변에 24개씩 같은 간격으로 세우려면, 기둥은 모두 몇 개가 필요합니까?

(정보 1: 한 변에 24개씩 같은 간격으로 세우려면 / 구해야 하는 것: 기둥은 모두 몇 개가 필요합니까?)

구해야 하는 것 ▶ 울타리를 만드는 데 필요한 기둥의 수를 구하려고 해요.

필요한 정보 골라내기 ▶ 울타리를 세울 땅의 둘레는 정사각형 모양이고, 한 변에 24개씩 같은 간격으로 세우려고 해요.

문제 해결 방법 찾기 ▶ 숫자가 크면 왠지 복잡한 문제 같죠? 이럴 땐 수를 좀 작게 바꾸어 문제를 다시 생각해 보세요. 그럼 규칙을 쉽게 발견할 수가 있어요. 규칙을 알아낸 후 처음의 조건에 적용하여 문제를 풀어 보는 거예요.

답 구하기 ▶ 정사각형 모양의 땅 둘레에 기둥을 한 변에 4개씩 같은 간격으로 세운다고 생각해 봅시다.

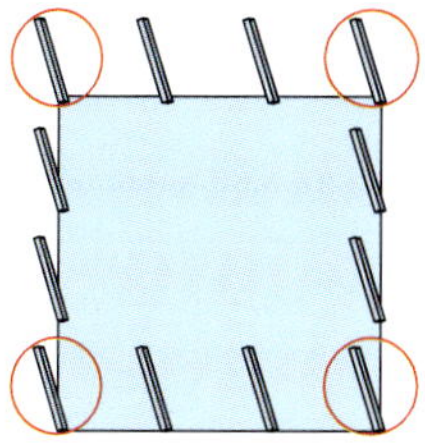

(한 변에 세우는 기둥 수) × (변의 수) − (꼭짓점의 기둥 수)

= 4 × 4 − 4 = 12(개)가 나오죠. 꼭짓점 네 부분의 기둥은 2번씩 중복으로 더하게 되므로 한 번씩은 다시 빼 줍니다.

이제 정사각형 모양의 땅의 한 변에 기둥을 24개씩 세우는 경우도 구할 수 있겠죠?

한 변에는 24개의 기둥이 필요하고, 모두 4개의 변이며, 꼭짓점에 중복되는 기둥 4개는 빼 줘요.

➡ 24 × 4 − 4 = 92(개)

▶ 정답 : 92개

문제 해결의 포인트 문제의 조건이나 숫자 확인하기 ➡ 조건이나 범위를 간단히 하여 규칙 구하기 ➡ 알아낸 규칙을 처음의 조건에 적용하여 답 구하기

비슷한 문제

1 정삼각형 모양의 땅 둘레에 기둥을 한 변에 10개씩 같은 간격으로 세우려면 기둥은 모두 몇 개가 필요합니까?

( )

2 통나무 한 개가 있습니다. 통나무는 2도막으로 자르는 데는 6분이 걸리고, 한 번 자른 후에 1분씩 쉽니다. 통나무를 한 번 자르는 데 걸리는 시간은 일정하고 다 자르는 데 62분이 걸렸다면, 통나무는 몇 도막이 되겠습니까?

( )

규칙성과 문제 해결

플러스 확인 문제

1 길이의 차가 1cm 8mm인 두 색 테이프를 겹치지 않게 이었더니 10cm가 되었습니다. 긴 색 테이프의 길이는 몇 cm 몇 mm입니까?

( )

2 사탕을 몇 사람에게 나누어 주려고 합니다. 한 사람당 5개씩 나누어 주면 4개가 남고, 8개씩 나누어 주면 8개가 부족하다고 합니다. 사람 수와 사탕 수를 각각 구하시오.

(,)

3 둘레의 길이가 240m인 연못의 둘레에 8m 간격으로 1인용 의자를 설치하려고 합니다. 의자가 12개 있다고 할 때, 더 필요한 의자는 몇 개입니까?

( )

4 무게가 같은 달걀 15개가 들어 있는 상자의 무게는 940g입니다. 이 상자에서 달걀 4개를 꺼낸 후 다시 무게를 재었더니 700g이었다면, 상자만의 무게는 몇 g입니까?

( )

5 종수와 민지가 집에서 600m 떨어져 있는 가게에 가는 데 종수가 민지보다 3분 늦게 출발하였습니다. 1분에 종수는 80m씩, 민지는 60m씩 갈 때, 종수가 민지를 따라 잡은 것은 출발한 지 몇 분 후입니까?

( )

6 진주네 학교 학생 5462명 중에서 체육을 좋아하는 학생은 3516명이고, 음악을 좋아하는 학생은 2934명입니다. 또 체육과 음악을 모두 좋아하지 않는 학생은 1865명입니다. 체육과 음악을 모두 좋아하는 학생은 몇 명입니까?

( )

7 효진이네 모둠은 원 모양의 탁자에 앉아 토의를 하고 있습니다. 둘째 번 사람과 여덟째 번 사람이 마주 보고 앉아 있습니다. 효진이네 모둠은 모두 몇 명입니까?

( )

8 상현이는 돼지저금통에 있는 100원짜리 동전과 50원짜리 동전으로 600원을 만들어서 공책 한 권을 사려고 합니다. 600원을 만드는 방법은 모두 몇 가지입니까?

( )

9 석희와 윤지가 가위바위보를 16번 했습니다. 석희가 이긴 횟수는 진 횟수보다 4번 더 많고, 비긴 경우는 없다고 합니다. 석희는 몇 번 이겼습니까?

( )

10 주영이와 호성이는 색 테이프를 가지고 있습니다. 주영이는 10cm의 색 테이프를 남겼고, 호성이는 색 테이프의 $\frac{2}{3}$를 사용하였습니다. 호성이가 남긴 길이가 주영이가 남긴 길이의 2배라면, 호성이가 처음에 가지고 있던 색 테이프의 길이는 몇 cm입니까?

( )

11 강아지가 달력을 찢어 놓아서 일부분이 보이지 않습니다. 윤수의 생일은 이 달 25일입니다. 윤수의 생일은 몇째 주 무슨 요일입니까?

( )

12 한별이는 동생과 함께 블록 쌓기 놀이를 했습니다. 다음과 같은 규칙으로 블록을 쌓는다면, 9째 번에는 블록이 몇 개 필요합니까?

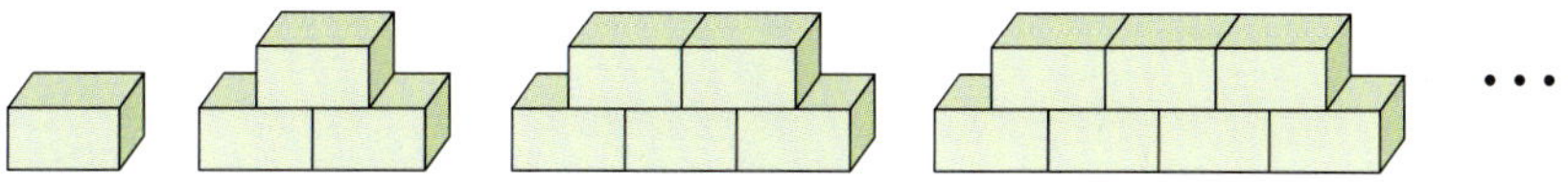

( )

정답과 해설

- 수
- 연산
- 규칙성과 문제 해결

수

22쪽 유형 1 1000, 몇천

1 10씩 100은 1000이므로 10개씩 100줄은 1000개입니다.
따라서 곶감은 1000개입니다.
▶ 정답 : 1000개

2 100씩 60은 6000이므로 100개씩 60상자는 6000개입니다.
따라서 판 사과는 모두 6000개입니다.
▶ 정답 : 6000개

23쪽 유형 2 네 자리 수

1 1000원짜리 지폐가 2장 ➡ 2000원
100원짜리 동전이 15개 ➡ 1500원
10원짜리 동전이 27개 ➡ 270원
3770원
▶ 정답 : 3770원

2 1000원짜리 지폐가 3장 ➡ 3000원
100원짜리 동전이 20개 ➡ 2000원
10원짜리 동전이 15개 ➡ 150원
5150원
5150원으로 100원짜리 구슬을 51개까지 살 수 있습니다.
▶ 정답 : 51개

24쪽 유형 3 만, 억, 조

1 100000원짜리가 1장 ➡ 100000원
100원짜리가 50개 ➡ 5000원
105000원
▶ 정답 : 105000원

2 10000원짜리가 1000장 ➡ 10000000원
1000원짜리가 2300장 ➡ 2300000원
12300000원
▶ 정답 : 12300000원

3 1광년은 9조 4600억 km이므로 100광년은 9조 4600억 km의 100배입니다.
9조 4600억은 9/4600/0000/0000이고, 이 수의 100배는 946/0000/0000/0000입니다.
따라서 숫자 0의 개수는 12개입니다.
▶ 정답 : 12개

25쪽 유형 4 억, 조를 묶음으로 나누어 보기

1 1억은 1만의 10000배입니다.
따라서 10000원짜리 지폐가 100장씩 100묶음이 있으면 1억 원을 만들 수 있습니다.
▶ 정답 : 100묶음

2 49150000000원은 10000000원의 4915배이므로 4915명의 어린이를 지원해 줄 수 있습니다.
▶ 정답 : 4915명

26쪽 유형 5 숫자 카드를 이용하여 조건에 맞는 수 만들기

1 숫자 카드를 이용하여 가장 큰 수를 만들 때에는 가장 큰 숫자부터 높은 자리에 씁니다.
따라서 가장 큰 일곱 자리 수는 6543210입니다.
▶ 정답 : 6543210

2 십만의 자리가 4인 여섯 자리 수는 4□□□□□이고, 이중 가장 작은 수는 만의 자리부터 차례로 가장 작은 수를 씁니다.
따라서 십만의 자리가 4인 여섯 자리 수 중 가장 작은 수는 411144이고, 둘째로 작은 수는 411414입니다.
▶ 정답 : 411144, 411414

27쪽 유형 6 조건에 맞는 수 만들기

1 ㉠,㉡,㉢의 조건에 맞는 수는 751□6□이고, 나머지 2와 4 중 ㉣의 조건에 맞는 수는 751264입니다.
▶ 정답 : 751264

28쪽 유형 7 수의 자릿값

1 가장 큰 네 자리 수는 4321이고, 1이 나타내는 수의

값은 1입니다.

▶ 정답 : 1

2 만들 수 있는 아홉 자리 수 중 가장 작은 수는 123456789이고, 가장 큰 수는 987654321입니다. 가장 작은 수에서 4가 나타내는 수는 400000이고, 가장 큰 수에서 4가 나타내는 수는 4000입니다. 따라서 가장 작은 수에서 4가 나타내는 수는 가장 큰 수에서 4가 나타내는 수의 100배입니다.

▶ 정답 : 100배

29쪽 유형 8 뛰어세기

1 2480에서 1000씩 5번 뛰어서 센 수는 3480−4480−5480−6480−7480입니다. 따라서 학용품값은 7480원입니다.

▶ 정답 : 7480원

2 50040에서 10000씩 5번 뛰어서 센 수는 60040−70040−80040−90040−100040 이므로 5분 후에는 모두 100040마리가 됩니다.

▶ 정답 : 100040마리

30쪽 유형 9 수의 크기 비교

1 245500과 300780에서 십만의 자리의 숫자를 비교하면 2<3이므로 245500<300780입니다. 따라서 B 회사의 TV 가격이 더 비쌉니다.

▶ 정답 : B 회사

2 324100과 342100의 크기를 비교합니다. 두 수는 여섯 자리로 같고 만의 자리가 2<4로 342100이 324100보다 큽니다. 따라서 여성잡지가 더 적게 팔린 달은 지난 달입니다.

▶ 정답 : 지난 달

31쪽 유형 10 가려져 있는 숫자가 있는 수의 크기 비교

1
- 현주 : 5□6□79□
- 윤석 : 57□□1□4
- 국향 : 5□49□26
- 수진 : 5□□7429

각 사람이 사용할 수 있는 남은 숫자 카드는 다음과 같습니다.
- 현주 ➡ 1, 2, 3, 4, 8
- 윤석 ➡ 2, 3, 6, 8, 9
- 국향 ➡ 1, 3, 7, 8
- 수진 ➡ 1, 3, 6, 8

만들 수 있는 가장 큰 수를 써 봅니다.
- 현주 : 5864793
- 윤석 : 5798164
- 국향 : 5849726
- 수진 : 5867429

따라서 수진이가 가장 큰 수를 만들 수 있습니다.

▶ 정답 : 수진

32쪽 유형 11 부분은 전체에서 얼마인지 분수로 나타내기

1 7개는 28개를 똑같이 4묶음으로 나눈 것 중의 1이므로 7개는 28개의 $\frac{1}{4}$입니다. 따라서 진희가 가지고 있는 구슬은 혜원이가 가지고 있는 구슬의 $\frac{1}{4}$입니다.

다른 해설

혜원이가 가지고 있는 구슬은 진희가 가지고 있는 구슬의 4배이므로 진희가 가지고 있는 구슬은 혜원이가 가지고 있는 구슬의 $\frac{1}{4}$입니다.

▶ 정답 : $\frac{1}{4}$

33쪽 유형 12 전체의 부분만큼을 빼고 남은 것 알기

1 사과 한 상자는 1이고, 사과 한 상자에서 15개를 빼내고 산 것은 30−15=15(개)로 이것은 사과 한 상자의 $\frac{1}{2}$과 같습니다.

따라서 지성이가 산 사과의 상자 수는 $1\frac{1}{2}$입니다.

▶ 정답 : $1\frac{1}{2}$

2 (남은 색 테이프의 길이)=45−36=9(cm)

9는 45를 똑같이 5묶음으로 나눈 것 중의 1이므로 $\frac{1}{5}$입니다. 따라서 9cm는 45cm의 $\frac{1}{5}$입니다.

▶ 정답 : $\frac{1}{5}$

3 색종이가 한 묶음에 10장씩 들어 있으므로 2묶음에 들어 있는 색종이는 모두 20장입니다. 이중 종이학을 접는 데 4장을 사용하였고, 친구에게 5장을 빌려주었으므로 남은 색종이는
$20-4-5=16-5=11$(장)입니다.
따라서 남은 색종이 11장은 수진이가 산 색종이 20장의 $\frac{11}{20}$입니다.

▶ 정답 : $\frac{11}{20}$

34쪽 유형 13 $\frac{▲}{☆}$는 $\frac{1}{☆}$이 몇인지 알기

1 그림으로 그려 보면 남은 케이크는 전체 케이크의 $\frac{5}{6}$입니다.

먹은 케이크	남은 케이크	남은 케이크	남은 케이크	남은 케이크	남은 케이크

$\frac{5}{6}$는 $\frac{1}{6}$이 5인 수이므로 남은 케이크는 먹은 케이크의 5배입니다.

▶ 정답 : 5배

2 $\frac{2}{11}$는 $\frac{1}{11}$이 2인 수이고, $\frac{2}{11}$의 3배는 $\frac{1}{11}$이 2인 수의 3배와 같으므로 $\frac{1}{11}$의 6배입니다.
따라서 나 비커에 담겨 있는 물은 $\frac{1}{11}$L의 6배인 $\frac{6}{11}$L입니다.

▶ 정답 : $\frac{6}{11}$L

35쪽 유형 14 자연수의 분수만큼 알기

1 $1\frac{1}{4}=\frac{5}{4}$이고, 400m의 $1\frac{1}{4}$은 400m의 $\frac{5}{4}$와 같습니다.
따라서 400m의 $\frac{1}{4}$은 100m이므로 400m의 $\frac{5}{4}$는 $100\times5=500$(m)입니다.

▶ 정답 : 500m

2 지선이가 수확한 고추는 240개이고, 혜민이는 지선이가 수확한 고추의 $\frac{7}{8}$만큼 수확했으므로 240개의 $\frac{7}{8}$을 구해야 합니다. 따라서 혜민이가 수확한 고추는 210개입니다.

▶ 정답 : 210개

3 840의 $\frac{1}{4}$은 840을 4묶음으로 똑같이 나눈 것 중의 하나와 같으므로 $840\div4=210$(mL)입니다.

▶ 정답 : 210mL

36쪽 유형 15 부분의 양으로 전체의 양 알기

1 재현이가 사용한 색 테이프의 길이는 6cm이고, 처음에 가지고 있는 색 테이프의 길이는 재현이가 처음에 가지고 있는 색 테이프의 $\frac{1}{5}$이었다면, 재현이가 처음에 가지고 있는 색 테이프는 6cm의 5배와 같습니다. ➡ $6\times5=30$(cm)

▶ 정답 : 30cm

2 전체의 $\frac{2}{7}$가 8이면 전체의 $\frac{1}{7}$은 4입니다. 혜원이가 진희에게 준 구슬 8개 전체의 $\frac{2}{7}$와 같으므로 구슬 4개는 전체의 $\frac{1}{7}$과 같습니다.
따라서 혜원이가 처음에 가지고 있던 구슬은 4개의 7배인 $4\times7=28$(개)입니다.

▶ 정답 : 28개

37쪽 유형 16 가분수를 대분수로 또는 대분수를 가분수로 나타내기

1 밀가루 반죽은 $6\frac{4}{5}$kg$=\frac{34}{5}$kg이고, 빵 1개를 만드는 데 밀가루 반죽이 $\frac{2}{5}$kg씩 든다고 했으므로 $\frac{34}{5}$kg을 사용하여 빵을 모두 $34\div2=17$(개) 만들 수 있습니다.

▶ 정답 : 17개

2 가분수이므로 (분자)>(분모)입니다.
분자를 ㉠, 분모를 ㉡이라 하면, ㉠=㉡×3+2, ㉠−㉡=12인 두 수를 구하면 5와 17입니다.

따라서 구하는 가분수는 $\frac{17}{5}$이고, 이것을 대분수로 나타내면 $\frac{17}{5}=3\frac{2}{5}$입니다.

▶ 정답 : $3\frac{2}{5}$

38쪽 유형 17 분수 뛰어세기

1 0부터 $\frac{2}{3}$씩 4번 뛰어 센 수는 $0-\frac{2}{3}-\frac{4}{3}-\frac{6}{3}-\frac{8}{3}$이므로 40분 동안 부은 물은 모두 $\frac{8}{3}$L$=2\frac{2}{3}$L입니다.

▶ 정답 : $2\frac{2}{3}$L

39쪽 유형 18 분자가 1인 분수의 크기 비교

1 소연이는 8조각으로 나눈 것 중의 하나를 먹었으므로 $\frac{1}{8}$이고, 미연이는 6조각으로 나눈 것 중의 하나를 먹었으므로 $\frac{1}{6}$입니다. 분자가 1인 분수는 분모가 작을수록 큰 분수이므로 $6<8$이므로 $\frac{1}{6}>\frac{1}{8}$입니다.
따라서 미연이가 더 많이 먹었습니다.

▶ 정답 : 미연

2 $\frac{1}{9}$과 $\frac{1}{12}$을 비교하면 $\frac{1}{9}>\frac{1}{12}$이고, $\frac{1}{9}$과 $\frac{5}{9}$를 비교하면 $\frac{1}{9}<\frac{5}{9}$입니다.
따라서 $\frac{1}{12}<\frac{1}{9}<\frac{5}{9}$이므로 지희네 집에서 가장 가까운 곳은 소방서입니다.

▶ 정답 : 소방서

40쪽 유형 19 분모가 같은 분수의 크기 비교

1 배추를 심은 부분은 $\frac{4}{9}$이고, 무를 심은 부분은 $\frac{5}{9}$입니다. 따라서 $\frac{4}{9}<\frac{5}{9}$이므로 무를 심은 부분이 더 넓습니다.

▶ 정답 : 무

2 $\frac{25}{7}=3\frac{4}{7}$이고, $3\frac{4}{7}>3\frac{1}{7}$이므로 식용유와 간장 중 식용유를 더 많이 사용하였습니다.

▶ 정답 : 식용유

41쪽 유형 20 분수의 크기 비교의 활용

1 $\frac{3}{8}$보다 크고, $\frac{7}{8}$보다 작은 분수는 $\frac{4}{8}$, $\frac{5}{8}$, $\frac{6}{8}$입니다.
이중 분자가 홀수인 분수는 $\frac{5}{8}$입니다.

▶ 정답 : $\frac{5}{8}$L

2 세호가 연주보다는 많은 양을 먹었으므로 $\frac{1}{4}$보다 크고 분자가 1인 분수는 $\frac{1}{2}$, $\frac{1}{3}$입니다.

▶ 정답 : $\frac{1}{2}$, $\frac{1}{3}$

42쪽 유형 21 소수 두 자리 수, 소수 세 자리 수

1 100번을 시도해서 그중 33번을 성공했으므로
이것을 분수로 나타내면 $\frac{33}{100}$이고,
소수로 나타내면 $\frac{33}{100}=0.33$입니다.

▶ 정답 : 0.33

2 1km=1000m이므로 1m=0.001km입니다.
따라서 28m=0.028km이므로
3km 28m=3km+0.028km=3.028km입니다.

▶ 정답 : 3.028km

43쪽 유형 22 소수 사이의 관계

1 2.16km의 10배는 2.16에서 소수점을 오른쪽으로 한 자리 이동한 것과 같으므로 21.6km입니다.
1km=1000m이므로 21.6km=21600m입니다.

▶ 정답 : 21600m

2 24.57m의 $\frac{1}{100}$은 소수점을 왼쪽으로 두 자리 이동한 것과 같으므로 0.2457m입니다.

▶ 정답 : 0.2457m

3 삼점 영오구이는 3.0592이고, 이것을 $\frac{1}{10}$ 하기 전의 수는 소수점을 오른쪽으로 한 자리 이동한 수 30.592입니다. 따라서 어떤 소수는 30.592에서 소수 첫째 자리와 소수 둘째 자리 숫자를 바꾼 수이므로 30.952입니다.

이것을 $\frac{1}{100}$ 한 수는 소수점을 왼쪽으로 두 자리 이동한 수이므로 0.30952입니다.

▶ 정답 : 0.30952

44쪽 유형 23 숫자 카드로 소수 만들기

1 만들 수 있는 가장 큰 소수 두 자리 수는 4.21이고, 둘째로 큰 소수 두 자리 수는 4.12입니다.

▶ 정답 : 4.12

2 가장 작은 소수 두 자리 수는 자연수 부분에 가장 작은 수를, 소수 첫째 자리와 소수 둘째 자리에 그 다음으로 작은 수를 차례로 써 주면 0.14가 됩니다.

▶ 정답 : 0.14

45쪽 유형 24 조건에 맞는 소수 만들기

1 ㉠과 ㉢에 의해 만들 수 있는 소수는 27.□□□입니다.

㉡에 의해 만들 수 있는 소수는 27.□00입니다.

㉣에서 2+7+□=10이므로 □=1입니다.

따라서 조건에 맞는 소수 세 자리는 27.100입니다.

▶ 정답 : 27.100

2 • 자연수 부분이 89인 경우 : 소수 첫째 자리와 소수 둘째 자리에 각각 9를 써줍니다. ➡ 89.99

• 자연수 부분이 90인 경우 : 소수 첫째 자리에 0을, 소수 둘째 자리에 1을 써줍니다. ➡ 90.01

▶ 정답 : 89.99, 90.01

46쪽 유형 25 소수 뛰어세기

1 1.8씩 3번 뛰어서 세면

1.8−3.6−5.4이므로 도착 지점은 시작지점으로부터 5.4m 거리에 있습니다.

▶ 정답 : 5.4m

47쪽 유형 26 소수의 크기 비교 (1)

1 51mm=5.1cm이고, 5.1<5.3이므로 철사를 더 적게 사용한 사람은 규현이입니다.

▶ 정답 : 규현

2 채송화를 심은 부분은 전체의 $\frac{3}{10}$=0.3이고, 봉숭아를 심은 부분은 0.2, 맨드라미를 심은 부분은 0.5입니다.

따라서 넓은 곳에 심은 꽃부터 차례로 이름을 쓰면 맨드라미, 채송화, 봉숭아입니다.

▶ 정답 : 맨드라미, 채송화, 봉숭아

48쪽 유형 27 소수의 크기 비교 (2)

1 자연수 부분이 4인 소수 중 4.034보다 작은 소수 두 자리 수는 4.01, 4.02, 4.03입니다.

▶ 정답 : 4.01, 4.02, 4.03

2 • 자연수 부분이 1인 경우 : 1.1부터 1.9까지의 수 ➡ 9개

• 자연수 부분이 2인 경우 : 2.1부터 2.9까지의 수 ➡ 9개

따라서 1.024보다 크고 3.024보다 작은 소수 한 자리 수는 모두 9+9=18(개)입니다.

▶ 정답 : 18개

3 • 200.4★ : ★는 3에서 9까지의 수 ➡ 7개

• 200.5★～200.9★ : ★는 1에서 9까지의 수 ➡ 9×5=45(개)

• 201.0★～201.4★ : ★는 1에서 9까지의 수 ➡ 9×5=45(개)

• 201.5★ : ★는 1에서 4까지의 수 ➡ 4개

200.42보다 크고 201.541보다 작은 소수 두 자리 수는 모두 7+45+45+4=101(개)입니다.

▶ 정답 : 101개

49쪽 유형 28 이상과 이하

1 윤재의 몸무게가 70.1kg이므로 70.1kg보다 가벼운 사람은 민수, 영진, 형빈이입니다.

▶ 정답 : 민수, 영진, 형빈

2 25 이상 30 이하인 자연수는 25와 같거나 큰 수이면서 30과 같거나 작은 수여야 하므로 25, 26, 27, 28, 29, 30으로 모두 6개입니다.

▶ 정답 : 6개

50쪽 유형 29 초과와 미만

1 160cm 초과는 160cm보다 큰 학생이고, 170cm 미만은 170cm보다 작은 학생으로 이에 해당하는 학생은 연서 1명입니다.

▶ 정답 : 1명

2 175cm보다 작은 사람은 종희 ,연서입니다.

▶ 정답 : 종희, 연서

3 10에서 20까지의 자연수 중 16보다 큰 수는 17, 18, 19, 20입니다.

▶ 정답 : 17, 18, 19, 20

51쪽 유형 30 수의 범위의 활용

1 (1) 102.9kg은 90kg 초과 105kg 이하에 해당하므로 한라급입니다.
(2) 88kg은 90kg 이하에 해당하므로 금강급입니다.
(3) 90.1kg은 90kg 초과 105kg 이하에 해당하므로 한라급입니다.

▶ 정답 : (1) 한라급 (2) 금강급 (3) 한라급

2 (1) 이천승은 23번으로 20 이상 28 이하에 해당하므로 30점을 받았습니다.
(2) 김미래는 30번으로 29 이상 35 이하에 해당하므로 40점을 받았습니다.
(3) 이현정은 29번으로 29 이상 35 이하에 해당하므로 40점을 받았습니다.

▶ 정답 : (1) 30점 (2) 40점 (3) 40점

52쪽 유형 31 올림

1 44명에게 모두 피자를 한 조각씩 주어야 하므로 5판을 사야 합니다.

▶ 정답 : 5판

2 사탕을 10개씩 6봉지에 넣고 남은 2개도 한 봉지에 넣어야 합니다. 따라서 사탕을 넣을 봉지는 모두 7개 필요합니다.

▶ 정답 : 7개

3 $580 \div 24 = 24 \cdots 4$이므로 24명씩 24번을 이용하고 4명이 남게 됩니다. 따라서 남은 4명까지 이용하려면 바이킹은 모두 $24+1=25$(번) 이용하게 됩니다.

▶ 정답 : 25번

53쪽 유형 32 버림

1 24190원을 1000원짜리 24장으로 바꾸고 남은 돈 190원은 1000원짜리로 바꿀 수 없습니다.
따라서 남은 돈은 190원입니다.

▶ 정답 : 190원

2 84120원을 10000원짜리 지폐 8장으로 바꾸고 남은 돈 4120원은 10000원짜리로 바꿀 수 없습니다.
따라서 남은 돈은 4120원입니다.

▶ 정답 : 4120원

3 100원짜리 동전 340개는 34000원입니다. 이 돈을 1000원짜리로 바꾸면 34장까지 바꿀 수 있습니다.

▶ 정답 : 34장

54쪽 유형 33 반올림

1 약 몇천 명인지 반올림하여 나타내면 백의 자리에서 반올림해야 합니다. 따라서 백의 자리 숫자는 4이고, 5보다 작으므로 반올림하여 나타내면 약 5000명입니다.

▶ 정답 : 약 5000명

2 약 몇백 명으로 반올림하여 나타낸 수는 약 5400명이고, 약 몇천 명으로 반올림하여 나타낸 수는 약 5000명이므로, 약 몇백 명으로 나타낸 어림수가 더

큽니다.

▶ 정답 : 몇백 명

3 반올림하여 약 몇 km로 나타내면
5427m는 백의 자리에서 버림을 하여 약 5km입니다.

▶ 정답 : 약 5km

55쪽 유형 34 어림의 활용

1 278÷50=5⋯28이므로 5대가 필요하고, 남은 28명도 타야 하므로 5+1=6(대)가 있어야 합니다.

▶ 정답 : 6대

2 350÷20=17⋯10이므로 17봉지가 되고, 앵두 10개가 남습니다. 따라서 앵두 350개를 모두 포장하려면 17+1=18(봉지)가 필요합니다.

▶ 정답 : 18봉지

3 4823÷30=160⋯23이므로 160판을 담고, 23개가 남습니다. 따라서 판매할 수 있는 달걀은 모두 160판입니다.

▶ 정답 : 160판

56쪽 플러스 확인 문제

1 100이 30이면 3000이고, 3000은 1000이 3인 수입니다. 7000은 1000이 7인 수이고, 이것은 1000이 3인 수와 1000이 4인 수의 합으로 나타낼 수 있습니다. 따라서 파란색 구슬은 1000이 4개인 수만큼 있으므로 4상자 있습니다.

▶ 정답 : 4상자

2 1000원짜리 지폐 6장 ➡ 6000원
100원짜리 동전 28개 ➡ 2800원
10원짜리 동전 34개 ➡ 340원
9140원
따라서 9140원을 1000원짜리 지폐로 바꾸면 모두 9장이 됩니다.

▶ 정답 : 9장

3 52만 원에서 2만 원씩 12번 뛰어 센 수는
52만 원—54만 원—56만 원—58만 원—60만 원—62만 원—64만 원—66만 원—68만 원—70만 원—72만 원—74만 원—76만 원
으로 24만 원이 더 큰 수인 76만 원이 됩니다.

▶ 정답 : 76만 원

4 천이백오십칠억 육천만 원을 숫자로 나타내면 1257억 6000만 원입니다.
1257억 6000만을 백억의 자리의 숫자를 2씩 5번 뛰어서 센 수를 구하면,
1457억 6000만—1657억 6000만—1857억 6000만—2057억 6000만—2257억 6000만
이므로 5년 후의 매출액은 2257억 6000만 원입니다.

▶ 정답 : 2257억 6000만 원

5 3990에서 3999까지의 수 : 10개
4000에서 4009까지의 수 : 10개
4110에서 4119까지의 수 : 10개
4220에서 4226까지의 수 : 7개
➡ 10+10+10+7=37(개)

▶ 정답 : 37개

6 3월부터 6월까지는 매달 1000원씩 저금하므로

2679	3679	4679	5679	6679
2월	3월	4월	5월	6월

7월부터 12월까지는 매달 500원씩 저금하므로

6679	7179	7679	8179	8679	9179	9679
6월	7월	8월	9월	10월	11월	12월

에서 8500원이 넘는 달은 10월부터입니다.

▶ 정답 : 10월

57쪽 플러스 확인 문제

7 ㉠에서 2000보다 크고 3000보다 작은 수는 2□□□입니다.
㉡에서 일의 자리 숫자는 백의 자리 숫자의 2배인 경우는 21□2, 22□4, 23□6, 24□8입니다.
㉢에서 천의 자리 숫자와 십의 자리 숫자의 합이 일의 자리 숫자와 같은 경우는 21$\boxed{0}$2, 22$\boxed{2}$4, 23$\boxed{4}$6, 24$\boxed{6}$8입니다.
㉣에서 각 자리의 숫자의 합이 20인 경우는 2468입

니다.
따라서 조건에 맞는 수는 2468입니다.

▶ 정답 : 2468

8 유선이가 가진 돈은 (5310＋□)원으로 나타낼 수 있고, 이 돈은 민정이의 돈 6910원보다 1300원 더 많습니다.
5310＋□＝6910＋1300, □＝8210－5310＝2900
따라서 100원짜리 동전은 29개여야 합니다.

▶ 정답 : 29개

9 32의 $\frac{1}{2}$은 16이므로 수현이네 반의 남학생은 16명입니다. 16의 $\frac{1}{4}$은 4이므로 안경을 쓴 남학생은 4명입니다. 따라서 안경을 쓰지 않은 남학생은 16－4＝12(명)입니다.

▶ 정답 : 12명

10

이모댁	할머니댁	할머니댁	

이모댁에 드리고 남은 옥수수는 전체의 $\frac{3}{4}$이므로 할머니댁에 드린 옥수수는 전체의 $\frac{2}{4}$입니다.
$\frac{2}{4}$는 $\frac{1}{4}$의 2배이므로 할머니댁에 드린 옥수수는 이모댁에 드린 옥수수의 2배입니다.

▶ 정답 : 2배

11 훌라후프를 하지 않는 학생은 30－18＝12(명)이므로 줄넘기를 하는 학생은 12÷2＝6(명)입니다. 따라서 훌라후프와 줄넘기를 하지 않는 학생은 6명입니다. 6은 30을 똑같이 5로 나눈 것 중의 1이므로 훌라후프와 줄넘기를 하지 않는 학생은 전체의 $\frac{1}{5}$입니다.

▶ 정답 : $\frac{1}{5}$

12 썩어서 버린 귤 수는 120의 $\frac{1}{12}$이므로 10개, 썩어서 버리고 남은 귤 수는 120－10＝110(개), 먹은 귤 수는 110의 $\frac{3}{10}$은 110의 $\frac{1}{10}$이 3인 수이므로 11×3＝33(개), 남은 귤 수는 110－33＝77(개)입니다.

▶ 정답 : 77개

58쪽 플러스 확인 문제

13 $\frac{\triangle}{\bigcirc}$ ➡ △÷9＝4…★에서 △＝9×4＋★입니다.
가분수의 꼴로 나타내면 $\frac{36+★}{9}$이며, ★(나머지)는 9보다 작아야 합니다.
즉 이 조건을 만족하며 이를 가분수로 나타내면 $\frac{37}{9}$, $\frac{38}{9}$, $\frac{39}{9}$, $\frac{40}{9}$, $\frac{41}{9}$, $\frac{42}{9}$, $\frac{43}{9}$, $\frac{44}{9}$입니다.

▶ 정답 : $\frac{37}{9}$, $\frac{38}{9}$, $\frac{39}{9}$, $\frac{40}{9}$, $\frac{41}{9}$, $\frac{42}{9}$, $\frac{43}{9}$, $\frac{44}{9}$

14 $\frac{2}{9}$의 2배는 $\frac{4}{9}$이므로 오빠는 물 한 병의 $\frac{4}{9}$를 마셨고, 언니는 물 한 병의 $\frac{3}{9}$을 마셨습니다.
$\frac{2}{9}$와 $\frac{3}{9}$의 크기를 비교하면 $\frac{3}{9}>\frac{2}{9}$이므로 정민이보다 언니가 물을 더 많이 마셨습니다.

▶ 정답 : 언니

15 정사각형은 네 변의 길이가 모두 같으므로 네 변의 길이의 합은 16＋16＋16＋16＝64(mm)입니다.
64mm＝6.4cm

▶ 정답 : 6.4cm

16 6.82보다 0.03 작은 수는 6.79이고, 6.79의 10배인 수는 67.9입니다.

▶ 정답 : 67.9

17 27mm＝2.7cm, 2cm 9mm＝2.9cm, 33mm＝3.3cm입니다.
자연수 부분부터 비교하면 3＞2이므로 서울,부산이 대전, 대구보다 비가 많이 내렸습니다. 3.3과 3.1의 소수 부분을 비교하면 3.3＞3.1이므로 부산이 가장 많이 내렸고, 2.7과 2.9의 소수 부분을 비교하면 2.7＜2.9이므로 대전이 가장 적게 내렸습니다.

▶ 정답 : 가장 많이 내린 곳 : 부산,
가장 적게 내린 곳 : 대전

18 2km까지 간 거리 : 2500원

2km부터 3.75km까지 간 거리는
3.75－2＝1.75(km)＝1750(m)이므로
1750÷250＝7(배)이므로 7×200＝1400(원)의 요금이 추가가 됩니다.
따라서 택시요금은 2500＋1400＝3900(원)을 내야 합니다.

▶ 정답 : 3900원

59쪽 플러스 확인 문제

19 1회 복용할 때 필요한 시럽의 양 :
8＋10＋12＝30(cc)
하루에 필요한 시럽의 양 : 30×3＝90(cc)
➡ 이틀 동안 필요한 시럽의 양 : 90×2＝180(cc)

▶ 정답 : 180cc

20 목욕비를 내야 하는 나이의 범위는 7세 이상 65세 미만이므로 나, 아버지, 어머니 3명이 내야 합니다.

▶ 정답 : 3명

21 반올림하여 80이 되려면
• 십의 자리 숫자가 7일 때 :
일의 자리 숫자는 5 이상 ➡ 75 이상, 74 초과
• 십의 자리 숫자가 8일 때 :
일의 자리 숫자는 5 미만 ➡ 85 미만, 84 이하
따라서 수의 범위는 75 이상 85 미만인 수입니다.

▶ 정답 : 75 이상 85 미만인 수 또는 74 초과 84 이하인 수

22 7m를 사면 남은 40cm가 더 필요하기 때문에 1m를 더 사야 하므로 모두 8m를 사야 합니다.

▶ 정답 : 8m

23 427÷15＝28…7이므로 28상자에 넣고 7kg이 남습니다. 따라서 28상자를 팔 수 있습니다.

▶ 정답 : 28상자

24 6257을 버림하여 백의 자리까지 나타내면 6200이므로 팔 수 있는 자두는 62상자입니다.
따라서 자두를 판 값은 20000×62＝1240000(원)입니다.

▶ 정답 : 1240000원

연산

62쪽 유형 35 세 자리 수, 네 자리 수의 덧셈

1 (유진이가 넘은 줄넘기 수)＝1835＋467＝2302(번)
(두 사람이 넘은 줄넘기 수)＝1835＋2302＝4137(번)

▶ 정답 : 4137번

63쪽 유형 36 세 자리 수, 네 자리 수의 뺄셈

1 (어제 딴 오이의 수)
＝(어제와 오늘 딴 오이의 수)－(오늘 딴 오이의 수)
＝603－275＝328(개)

▶ 정답 : 328개

2 (호박의 수)－(오이의 수)＝524－389＝135(개)

▶ 정답 : 135개

3 2342－1475＝867(마리)

▶ 정답 : 867마리

64쪽 유형 37 세 수의 덧셈

1 (식물 우표의 수)
＝(인물 우표의 수)＋285＝167＋285＝452(장)
(동물 우표의 수)
＝(식물 우표의 수)＋169＝452＋169＝621(장)

▶ 정답 : 621장

2 (전체 나무의 수)
＝(밤나무 수)＋(잣나무 수)＋(감나무 수)
＝2638＋1576＋3796＝4214＋3796
＝8010(그루)

▶ 정답 : 8010그루

65쪽 유형 38 세 수의 뺄셈

1 541－158－296＝383－296＝87(개)

▶ 정답 : 87개

1 (남은 용돈)
＝(어머니께서 주신 용돈)－(학용품을 사는 데 쓴

돈)−(군것질을 하는 데 쓴 돈)
=7500−3480−2740
=4020−2740=1280(원)

▶ 정답 : 1280원

66쪽 유형 39 세 수의 덧셈과 뺄셈

1 (오늘 판 장미와 카네이션 수)
=(오늘 판 장미 수)+(오늘 판 카네이션 수)
=1683+1683−974=3366−974=2392(송이)

다른 해설

(오늘 판 카네이션 수)
=(오늘 판 장미수)−974=1683−974=709(송이)
(오늘 판 장미와 카네이션 수)
=(오늘 판 장미 수)+(오늘 판 카네이션 수)
=1683+709=2392(송이)

▶ 정답 : 2392송이

2 (지금 수경이의 동전지갑에 들어 있는 돈)
=(수진이와 수경이의 돈의 합)−(과자를 사기 위해 꺼낸 돈)
=2330+2330−560
=4660−560=4100(원)

▶ 정답 : 4100원

3 (축구 경기장에 입장한 남자 수)
=(어제 입장한 사람 수)+(오늘 입장한 사람 수)
−(축구 경기장에 입장한 여자 수)
=3824+2578−1897=6402−1897=4505(명)

▶ 정답 : 4505명

67쪽 유형 40 어떤 수 구하기, 잘못한 계산 바르게 하기

1 어떤 수를 □라 하면, □+258=872이므로
□=872−258=614입니다.

▶ 정답 : 614

2 어떤 수를 □라 하면, □−174=758이므로
□=758+174=932입니다.
따라서 바르게 계산한 값은 932+174=1106입니다.

▶ 정답 : 1106

68쪽 유형 41 어떤 수와의 관계를 이용하여 모르는 두 수의 차 구하기

1 ㉠ ←(2847 작은 수)— (어떤 수) —(2356 큰 수)→ ㉡

그림에서 보면 ㉠보다 2847 큰 수가 (어떤 수)이고, (어떤 수)보다 2356 큰 수가 ㉡이므로 ㉡은 ㉠보다 2847+2356=5203 큰 수입니다.

▶ 정답 : 5203

2 (빨간색 테이프)=(파란색 테이프)−1m 40cm
(노란색 테이프)=(파란색 테이프)+1m 70cm
따라서 노란색 테이프는 빨간색 테이프보다
1m 40cm+1m 70cm=3m 10cm 더 깁니다.

▶ 정답 : 3m 10cm

69쪽 유형 42 숫자 카드 이용하여 조건에 맞는 수로 계산하기

1 만들 수 있는 네 자리 수 중 가장 큰 수는 9640이고, 만들 수 있는 네 자리 수 중 가장 작은 수는 4069입니다.
따라서 가장 큰 수와 가장 작은 수의 차는
9640−4069=5571입니다.

▶ 정답 : 5571

2 가장 큰 세 자리 수는 975이고, 둘째로 큰 세 자리 수는 974입니다.
따라서 두 수의 합은 975+974=1949입니다.

▶ 정답 : 1949

70쪽 유형 43 분모가 같은 분수의 덧셈

1 (수학과 과학 숙제를 하는 데 걸린 시간)
=(수학 숙제를 하는 데 걸린 시간)+(과학 숙제를 하는 데 걸린 시간)
$=\frac{7}{12}+\frac{9}{12}=\frac{16}{12}=1\frac{4}{12}$(시간)

▶ 정답 : $1\frac{4}{12}$시간

2 (민지가 읽은 동화책의 양)

$=\frac{3}{10}+\frac{3}{10}+\frac{3}{10}=\frac{9}{10}$이므로 민지는 $\frac{1}{10}$이 남았고,
(수영이가 읽은 동화책의 양)
$=\frac{2}{10}+\frac{2}{10}+\frac{2}{10}+\frac{2}{10}=\frac{8}{10}$이므로 수영이는 $\frac{2}{10}$가 남았습니다.

따라서 읽어야 할 양이 더 많이 남은 사람은 수영이입니다.

▶ 정답 : 수영

71쪽 유형 44 자연수와 분수의 뺄셈

1 $3-2\frac{3}{7}=2\frac{7}{7}-2\frac{3}{7}=\frac{4}{7}$(시간)

▶ 정답 : $\frac{4}{7}$시간

2 $2-\frac{8}{9}=1\frac{9}{9}-\frac{8}{9}=1\frac{1}{9}$(m)

▶ 정답 : $1\frac{1}{9}$m

3 $5-2\frac{1}{5}=4\frac{5}{5}-2\frac{1}{5}=2\frac{4}{5}$(L)

▶ 정답 : $2\frac{4}{5}$L

72쪽 유형 45 분모가 같은 분수의 뺄셈

1 (남은 주스의 양)$=2\frac{4}{9}-\frac{2}{9}=2\frac{2}{9}$(L)

남은 주스를 $\frac{4}{9}$L들이의 병에 넣어 두려면
$\frac{4}{9}+\frac{4}{9}+\frac{4}{9}+\frac{4}{9}+\frac{4}{9}=\frac{20}{9}=2\frac{2}{9}$(L)이므로 필요한 병의 개수는 5병입니다.

▶ 정답 : 5병

2 $8\frac{1}{7}-4\frac{5}{7}=7\frac{8}{7}-4\frac{5}{7}=3\frac{3}{7}$(kg)

$3\frac{3}{7}=1\frac{1}{7}+1\frac{1}{7}+1\frac{1}{7}$이므로 3집에 나누어 줄 수 있습니다.

▶ 정답 : 3집

73쪽 유형 46 분모가 같은 분수의 덧셈과 뺄셈

1 (남은 빨간색 테이프의 길이)
$=4-1\frac{2}{5}=3\frac{5}{5}-1\frac{2}{5}=2\frac{3}{5}$(m)
(남은 노란색 테이프의 길이)
$=6\frac{3}{5}-3\frac{4}{5}=5\frac{8}{5}-3\frac{4}{5}$
$=2\frac{4}{5}$(m)
(사용하고 남은 색 테이프의 길이의 합)
$=2\frac{3}{5}+2\frac{4}{5}=(2+2)+\left(\frac{3}{5}+\frac{4}{5}\right)$
$=4+\frac{7}{5}=4+1\frac{2}{5}=5\frac{2}{5}$(m)

▶ 정답 : $5\frac{2}{5}$m

74쪽 유형 47 어떤 수 구하기, 잘못한 계산 바르게 하기

1 $\square-\frac{3}{8}+2\frac{1}{8}=6\frac{5}{8}$
$\square=6\frac{5}{8}+\frac{3}{8}-2\frac{1}{8}=7-2\frac{1}{8}=4\frac{7}{8}$

▶ 정답 : $4\frac{7}{8}$

2 어떤 수를 □라 하면,
$\square-\frac{2}{9}=\frac{4}{9}$, $\square=\frac{4}{9}+\frac{2}{9}=\frac{6}{9}$입니다.
따라서 바르게 계산하면 $\frac{6}{9}+\frac{2}{9}=\frac{8}{9}$입니다.

▶ 정답 : $\frac{8}{9}$

3 $\square+3\frac{7}{11}=10\frac{5}{11}$, $\square=10\frac{5}{11}-3\frac{7}{11}=6\frac{9}{11}$
따라서 바르게 계산한 값은 $6\frac{9}{11}-3\frac{7}{11}=3\frac{2}{11}$

▶ 정답 : $3\frac{2}{11}$

75쪽 유형 48 자릿수가 같은 소수의 덧셈

1 (폐식용유의 양)+(가성소다의 양)
$=5.36+1.87=7.23$(L)

▶ 정답 : 7.23L

76쪽 유형 49 자릿수가 다른 소수의 덧셈

1 주현이가 자전거를 탄 거리는 5.96km이고, 승호가 자전거를 탄 거리는 5.96+2.5=8.46(km)이므로, 주현이와 승호가 자전거를 탄 거리의 합은 5.96+8.46=14.42(km)입니다.

▶ 정답 : 14.42km

2 0.65kg+7.5kg=8.15kg

▶ 정답 : 8.15kg

77쪽 유형 50 자릿수가 같은 소수의 뺄셈

1 (남아 있는 순수한 모래의 양)
=(처음에 있던 모래의 양)−(분리된 철가루의 양)
−(분리된 다른 불순물의 양)
=17.6−2.4−0.7=15.2−0.7=14.5(g)

▶ 정답 : 14.5g

2 1.25−0.37−0.49=0.88−0.49=0.39(kg)

▶ 정답 : 0.39kg

3 (연수가 가지고 있는 철사의 길이)
=(재희가 가지고 있는 철사의 길이)−2.5
=9.3−2.5=6.8(m)
(재석이가 가지고 있는 철사의 길이)
=(연수가 가지고 있는 철사의 길이)−3.9
=6.8−3.9=2.9(m)

▶ 정답 : 2.9m

78쪽 유형 51 자릿수가 다른 소수의 뺄셈

1 (동생의 몸무게)=(유희의 몸무게)−3.9
=35.74−3.9=31.84(kg)

▶ 정답 : 31.84kg

2 (배 한 박스의 무게)=(사과 한 박스의 무게)−4.36
=15.285−4.36
=10.925(kg)

▶ 정답 : 10.925kg

79쪽 유형 52 소수의 뺄셈의 활용

1 (은영이의 무게)+2.7=40.25이므로
(은영이의 무게)=40.25−2.7=37.55(kg)
(지영이의 무게)+2.7=45.8이므로
(지영이의 무게)=45.8−2.7=43.1(kg)
(지영이의 무게)−(은영이의 무게)
=43.1−37.55=5.55(kg)

다른 해설

은영이와 강아지의 무게가 40.25kg, 지영이와 강아지의 무게가 45.8kg이고, 강아지의 무게는 변함이 없습니다. 따라서 지영이와 강아지의 무게가 더 무거우므로 지영이가 은영이보다 5.55kg 더 무겁습니다.

▶ 정답 : 지영, 5.55kg

2 (줄인 가로의 길이)=4.8−0.77=4.03(m)
(줄인 세로의 길이)=4.8−0.5=4.3(m)
(줄여서 만든 직사각형의 네 변의 길이의 합)
=4.03+4.3+4.03+4.3=16.66(m)

▶ 정답 : 16.66m

80쪽 유형 53 숫자 카드로 조건에 맞는 수 만들어 계산하기

1 숫자 4개로 소수 세 자리 수를 만들면, 자연수 부분은 한 자리 수가 됩니다. 따라서 가장 큰 세 자리 수는 9.742이고, 가장 작은 소수 세 자리 수는 2.479입니다. ➡ 9.742−2.479=7.263

▶ 정답 : 7.263

2 첫째 번으로 큰 수 : 86.530
둘째 번으로 큰 수 : 86.503
첫째 번으로 작은 수 : 30.568
둘째 번으로 작은 수 : 30.586
➡ 86.503−30.586=55.917

▶ 정답 : 55.917

81쪽 유형 54 어떤 수 구하기, 잘못한 계산 바르게 하기

1 어떤 수를 □라 하면, □+0.74=2.55이므로
□=2.55−0.74=1.81입니다.

따라서 바르게 계산한 값은 1.81−0.74=1.07입니다.

▶ 정답 : 1.07

2 □−2.638=1.514

□=1.514+2.638=4.152

따라서 바르게 계산하면

4.152+2.638=6.79입니다.

▶ 정답 : 6.79

82쪽 유형 55 길이의 합

1 453mm=45cm 3mm 이므로

(진수의 고무줄의 길이)

=(소영이의 고무줄의 길이)−4cm 7mm

=45cm 3mm−4cm 7mm=40cm 6mm

(두 사람의 고무줄의 길이)

=(소영이의 고무줄의 길이)+(진수의 고무줄의 길이)

=45cm 3mm+40cm 6mm=85cm 9mm

▶ 정답 : 85cm 9mm

83쪽 유형 56 길이의 차

1 20cm 3mm−12cm 5mm=7cm 8mm

▶ 정답 : 7cm 8mm

2 275mm−220mm=55mm

55mm=5cm 5mm이므로 아버지의 운동화의 길이는 하은이의 운동화의 길이보다 5cm 5mm 더 깁니다.

▶ 정답 : 5cm 5mm

3 (정삼각형을 만드는 데 사용한 끈의 길이)

=67mm+67mm+67mm=201mm

3m=3000mm이므로

(남은 끈의 길이)=3000mm−201mm=2799mm

▶ 정답 : 2799mm

84쪽 유형 57 길이의 합과 차 – 겹쳐 이은 색 테이프의 길이 구하기

1 (색 테이프 2개를 이은 길이)

=35cm+35cm=70cm

(이은 색 테이프 전체의 길이)

=70cm−8cm 7mm=61cm 3mm

▶ 정답 : 61cm 3mm

2 (색 테이프 7개를 이은 길이)=18cm×7=126cm

(겹쳐진 길이)=4mm×6=24mm=2cm 4mm

(이은 색 테이프 전체의 길이)

=126cm−2cm 4mm=123cm 6mm

▶ 정답 : 123cm 6mm

85쪽 유형 58 거리의 합

1 2km 835m+2km 835m

=4km 1670m=5km 670m

▶ 정답 : 5km 670m

2 (집에서 공원까지의 거리)

=(집에서 가게까지의 거리)+(가게에서 공원까지의 거리)

=940m+1km 580m=2km 520m

(전체 걸은 거리)

=2km 520m+2km 520m=5km 40m

▶ 정답 : 5km 40m

86쪽 유형 59 거리의 차

1 (우체국에서 문구점까지의 거리)

−(우체국에서 공원까지의 거리)

=8km 264m−5378m

=8km 264m−5km 378m

=2km 886m

▶ 정답 : 2km 886m

2 8km 200m−6km 400m=1km 800m

▶ 정답 : 1km 800m

3 43km−35km 800m=7km 200m

▶ 정답 : 7km 200m

87쪽 유형 60 거리의 합과 차

1 (재희가 1시간 동안 걸을 수 있는 거리)

=1km 200m+1km 200m+1km 200m

=3km 600m
(소영이가 1시간 동안 걸을 수 있는 거리)
=1km 350m+1km 350m+1km 350m
=4km 50m
두 사람의 거리의 차는
4km 50m−3km 600m=450m입니다.

▶ 정답 : 450m

2 (형빈이가 6분 동안 걸은 거리)
=1km 540m+1km 540m+1km 540m
=4km 620m
(준석이가 6분 동안 걸은 거리)
=2380m+2380m=4760m
따라서 두 사람 사이의 거리는
4760m−4620m=140m입니다.

▶ 정답 : 140m

88쪽 유형 61 걸린 시간 구하기

1 (할아버지 댁에 가는 데 걸린 시간)
=(할아버지 댁에 도착한 시각)−(효경이네 집에서 출발한 시각)
=6시 5분−3시 50분=2시간 15분

▶ 정답 : 2시간 15분

89쪽 유형 62 도착한 시각 구하기

1 (만화 영화가 끝난 시각)
=(만화 영화가 시작된 시각)+(만화 영화 방영 시간)
=5시 24분+40분=6시 4분

▶ 정답 : 6시 4분

2 (야구 경기가 끝난 시각)
=(야구 경기 시작 시각)+(야구 경기를 한 시간)
=2시 35분+4시간 45분
=7시 20분

▶ 정답 : 오후 7시 20분

3 집에서 출발하여 밖에서 보낸 시간을 먼저 구합니다.
(백화점 쇼핑한 시간)+(공원에서 논 시간)
=1시간 35분+80분
=1시간 35분+1시간 20분
=2시간 55분
(집에 도착한 시각)
=(집에서 출발한 시각)+(밖에서 보낸 시간)
=오전 11시 40분+2시간 55분
=14시 35분=오후 2시 35분

▶ 정답 : 오후 2시 35분

90쪽 유형 63 출발한 시각 구하기

1 (영화가 시작한 시각)
=(영화가 끝난 시각)−(영화를 보는 데 걸린 시간)
=4시 10분−1시간 45분=2시 25분

▶ 정답 : 2시 25분

2 (집에서 출발하는 시각)
=(도착해야 하는 시각)−(걸리는 시간)
=5시−25분=4시 35분

▶ 정답 : 4시 35분

91쪽 유형 64 단위가 다른 시간의 합과 차

1 210분=3시간 30분
(민준이가 잠자리에 들 시각)
=5시 35분+3시간 30분=9시 5분

▶ 정답 : 9시 5분

2 115분=1시간 55분이므로
(책 읽기를 끝낸 시각)
=3시 30분+1시간 55분=5시 25분

▶ 정답 : 5시 25분

3 140분=2시간 20분이므로
(주성이가 공부한 시간)
=1시간 25분+2시간 20분=3시간 45분

▶ 정답 : 3시간 45분

92쪽 유형 65 규칙이 있는 시간의 합과 차

1 축구 경기를 하는 데 걸리는 시간은

45분+10분+45분=100분=1시간 40분
(경기가 끝나는 시각)
=6시 45분+1시간 40분=8시 25분

▶ 정답 : 8시 25분

2 35분+25분+35분=1시간 35분이므로
(경기 시작한 시각)
=4시 10분−1시간 35분=2시 35분

▶ 정답 : 2시 35분

93쪽 유형 66 낮과 밤의 길이 이용하기

1 하루는 24시간이므로
이 날의 밤의 길이는 24시−9시간 27분 35초=14시간 32분 25초입니다.
따라서 밤의 길이는 낮의 길이보다 14시간 32분 25초−9시간 27분 35초=5시간 4분 50초 더 깁니다.

▶ 정답 : 5시간 4분 50초

2 (낮의 길이)=(해넘이 시각)−(해돋이 시각)
=19시 35분−5시 25분
=14시간 10분
(밤의 길이)=24시간−(낮의 길이)
=24시간−14시간 10분
=9시간 50분

▶ 정답 : 9시간 50분

94쪽 유형 67 빨리 가거나 늦게 가는 시계에 관한 문제

1 다음 날 오후 8시에는 정확한 시각보다 12+6=18(분) 늦으므로 다음 날 오후 8시에 시계가 가리키는 시각은 오후 8시−18분=오후 7시 42분입니다.

▶ 정답 : 오후 7시 42분

2 8월 1일 낮 12시부터 8월 15일 낮 12시까지는 14일이므로 14일 동안에는 14일×2분=28(분)이 빨라지는 것과 같습니다.

▶ 정답 : 12시 28분

95쪽 유형 68 들이의 합

1 (처음 물통에 있던 물의 양)
=(사용한 물의 양)+(남은 물의 양)
=1L 300mL+3L 500mL
=4L 800mL

▶ 정답 : 4L 800mL

96쪽 유형 69 들이의 차

1 (오늘 마신 우유의 양)−(어제 마신 우유의 양)
=2L 500mL−1L 400mL
=1L 100mL

▶ 정답 : 1L 100mL

2 (양동이에 가득 들어 있는 물의 양)
=(부은 물의 양)−(넘쳐 흐른 물의 양)
=3L 600mL−1L 250mL
=2L 350mL

▶ 정답 : 2L 350mL

3 (찬물의 양)
=(섞은 물의 양)−(뜨거운 물의 양)
=12L 260mL−8L 750mL
=3L 510mL

▶ 정답 : 3L 510mL

97쪽 유형 70 들이의 합과 차

1 (주전자의 들이)−(물병의 들이)=1L 400mL
+(주전자의 들이)+(물병의 들이)=3200mL
(주전자의 들이)+(주전자의 들이)=4L 600mL
(주전자의 들이)=2L 300mL

▶ 정답 : 2L 300mL

2 영준이가 마신 주스의 양을 □mL라고 하면
□+□+300mL=1L 500mL
□+□=1L 200mL
□=600mL
따라서 영준이가 마신 주스는 600mL입니다.

▶ 정답 : 600mL

3 1800mL+1800mL=3600mL
3600mL−(4×600)mL=1200mL
1200mL=1L 200mL

▶ 정답 : 1L 200mL

98쪽 유형 71 무게의 합

1 (두 사람이 가지고 온 폐휴지의 양)
=(미영이의 폐휴지의 양)+(지현이의 폐휴지의 양)
=2kg 800g+3kg 400g
=6kg 200g

▶ 정답 : 6kg 200g

2 2kg 800g+4kg 300g
=7kg 100g

▶ 정답 : 7kg 100g

3 5kg 600g+3kg 700g
=8kg 1300g=9kg 300g

▶ 정답 : 9kg 300g

99쪽 유형 72 무게의 차

1 (책만의 무게)
=(책을 담은 상자의 무게)−(상자만의 무게)
=15kg 600g−1kg 300g
=14kg 300g

▶ 정답 : 14kg 300g

2 11kg 400g−6kg 900g=4kg 500g

▶ 정답 : 4kg 500g

3 10kg 500g−1kg 900g=8kg 600g

▶ 정답 : 8kg 600g

100쪽 유형 73 무게의 합과 차(1)

1 (소희의 몸무게)=(근영이의 몸무게)−2kg 700g
=31kg 200g−2kg 700g
=28kg 500g
(효원이의 몸무게)=(소희의 몸무게)+3kg 600g
=28kg 500g+3kg 600g
=32kg 100g

▶ 정답 : 32kg 100g

101쪽 유형 74 무게의 합과 차(2)

1 참외 4개를 담은 그릇의 무게가 1kg 900g이고, 참외 7개를 담은 그릇의 무게가 3kg 100g이므로
(참외 3개의 무게)
=(참외 7개를 담은 그릇의 무게)−(참외 4개를 담은 그릇의 무게)
=3kg 100g−1kg 900g=1kg 200g
400g+400g+400g=1200g이므로 참외 1개의 무게는 400g입니다.
따라서 참외 4개의 무게는
400g+400g+400g+400g=1600g=1kg 600g
이므로 그릇만의 무게는
(참외 4개를 담은 그릇의 무게)−(참외 4개의 무게)
=1kg 900g−1kg 600g=300g입니다.

▶ 정답 : 300g

2 (사과 5개의 무게)
=5kg 400g−2kg 900g=2kg 500g
사과 1개의 무게는 500g이므로 사과 10개의 무게는 5kg입니다.
따라서 접시만의 무게는
5kg 400g−5kg=400g입니다.

▶ 정답 : 400g

102쪽 플러스 확인 문제

1 네 자리 수 중 천의 자리의 숫자가 7인 가장 작은 수는 7000이므로, 둘째로 작은 수는 7001이고, 백의 자리의 숫자가 3인 가장 큰 수는 9399이고, 둘째로 큰 수는 9398입니다.
따라서 9398−7001=2397입니다.

▶ 정답 : 2397

2 두 수의 합이 가장 작은 경우는 각각 가장 작은 세 자리 수를 만들어 더하는 경우입니다.

진석이가 만들 수 있는 가장 작은 수는 358, 민준이가 만들 수 있는 가장 작은 수는 269이므로 두 수의 합은 358+269=627입니다.

▶ 정답 : 627

3 (오늘 판 장미의 수)
=(어제 판 장미의 수)+789
=1564+789=2353(송이)
(어제와 오늘 판 장미의 수)
=(어제 판 장미의 수)+(오늘 판 장미의 수)
=1564+2353=3917(송이)

▶ 정답 : 3917송이

4 (성민이가 가진 돈)=2580+890=3470(원)이므로 지연이와 성민이가 가진 돈은 모두 2580+3470=6050(원)입니다.
따라서 창현이가 가진 돈은 6050+3750=9800(원)입니다.

▶ 정답 : 9800원

5 (화단에 피어 있는 꽃의 수)
=(벚꽃의 수)−(떨어진 벚꽃의 수)+(핀 장미꽃의 수)
=314−157+269=426(송이)

▶ 정답 : 426송이

6 동생에게 준 구슬 수는 전체 구슬 수에서 줄어들므로 뺄셈으로, 형에게서 받은 구슬 수는 전체 구슬 수에서 늘어나므로 덧셈으로 계산합니다.
376−157+139=358(개)

▶ 정답 : 358개

103쪽 플러스 확인 문제

7 남은 사과의 수가 처음 수확한 사과 수의 반이므로 이웃집에 나누어 준 사과 수와 시장에 내다 판 사과 수의 합이 처음 수확한 사과 수의 반이 됩니다.
따라서 (처음 수확한 사과 수의 반)=645+3876=4521(개)이므로 (처음 수확한 사과 수)=4521+4521=9042(개)입니다.

▶ 정답 : 9042개

8 1000원짜리 지폐 6장은 6000원, 100원짜리 동전 8개는 800원, 10원짜리 동전 4개는 40원이므로 처음 돼지저금통에 들어 있던 돈은 6840원입니다.
따라서 (지금 돼지저금통에 들어 있는 돈)
=6840−3750+2620=3090+2620=5710(원)
입니다.

▶ 정답 : 5710원

9 (1학년)+(4학년)=(2학년)+(3학년)이므로
(1학년)+352=(2학년)+294입니다.
따라서 (2학년)−(1학년)=352−294=58(명)입니다.

▶ 정답 : 58명

10 (축구 경기장에 온 여자 수)
=3420−879=2541(명)
(축구 경기장에 온 여자 어린이 수)
=2541−1563=978(명)

▶ 정답 : 978명

11 (호준이가 가지고 있는 딱지의 수)
=(태윤이가 가지고 있는 딱지의 수)−173,
(태윤이가 가지고 있는 딱지의 수)
=(유진이가 가지고 있는 딱지의 수)+362,
(호준이가 가지고 있는 딱지의 수)
=(유진이가 가지고 있는 딱지의 수)+362−173
=(유진이가 가지고 있는 딱지의 수)+189
이므로 차는 189장입니다.

▶ 정답 : 189장

12 어제 입장한 사람 수를 □명이라 하면, 오늘 입장한 사람은 (□+582)명입니다.
□+□+582=7042(명)이므로
□+□=7042−582=6460입니다.
□는 6460의 절반이므로 어제 입장한 사람은 3230명입니다.

▶ 정답 : 3230명

104쪽 플러스 확인 문제

13 만들 수 있는 두 대분수는 각각 $5\frac{8}{12}$, $8\frac{5}{12}$입니다.

따라서 두 대분수의 합은

$5\frac{8}{12}+8\frac{5}{12}=13\frac{13}{12}=14\frac{1}{12}$입니다.

▶ 정답 : $14\frac{1}{12}$

14 (남은 주스의 양)=(처음에 있던 사과 주스의 양)−(소연이네 모둠이 마신 사과 주스의 양)−(지섭이네 모둠이 마신 사과 주스의 양)

$=4\frac{5}{7}-1\frac{3}{7}-\frac{10}{7}=3\frac{2}{7}-\frac{10}{7}=3\frac{2}{7}-1\frac{3}{7}$

$=2\frac{9}{7}-1\frac{3}{7}=1\frac{6}{7}(\mathrm{L})$

▶ 정답 : $1\frac{6}{7}\mathrm{L}$

15 색 테이프 4장의 길이의 합은 $9\times4=36(\mathrm{cm})$이고, 겹친 부분의 길이의 합은

$1\frac{3}{5}+1\frac{3}{5}+1\frac{3}{5}=3+\frac{9}{5}=3+1\frac{4}{5}=4\frac{4}{5}(\mathrm{cm})$입니다.

색 테이프 4장의 길이의 합에서 겹친 부분의 길이를 빼 이은 전체 길이를 구하면

$36-4\frac{4}{5}=35\frac{5}{5}-4\frac{4}{5}=31\frac{1}{5}(\mathrm{cm})$입니다.

▶ 정답 : $31\frac{1}{5}\mathrm{cm}$

16 소민이가 생각하고 있는 수를 □라고 하면,

□−0.269=5−2.378, □=2.622+0.269,

□=2.891입니다.

▶ 정답 : 2.891

17 (형진이의 기록)=18.4−1.8=16.6(초)

(승훈이의 기록)=16.6+0.9=17.5(초)

▶ 정답 : 17.5초

18 (민재의 연필의 무게)

=0.015+0.015+0.015+0.015=0.06(kg)

(혜경이의 연필의 무게)

=0.017+0.017+0.017=0.051(kg)

(민재의 지우개의 무게)

=(전체 무게)−(민재의 연필의 무게)−(혜경이의 연필의 무게)−(혜경이의 지우개의 무게)

=0.301−0.051−0.06−0.12

=0.25−0.06−0.12

=0.19−0.12=0.07(kg)

▶ 정답 : 0.07kg

105쪽 플러스 확인 문제

19 (현아네 집~경찰서)

=(현아네 집~보건소)−865m+1km 379m

=2675m−865m+1379m

=1810m+1379m

=3189m

▶ 정답 : 3189m

20 1시간=60분=15분+15분+15분+15분이므로 정민이는 1시간 동안

1080m+1080m+1080m+1080m

=4320m=4km 320m를 갈 수 있습니다.

▶ 정답 : 4km 320m

21 1시간=60분이므로 320분=5시간 20분입니다.

또 오후 8시 45분은 20시 45분이므로

20시 45분+5시간 20분=다음 날 오전 2시 5분입니다.

따라서 지금부터 320분 후는 5월 5일 오전 2시 5분입니다.

▶ 정답 : 5월 5일 오전 2시 5분

22 1교시를 마치는 시각(9시 40분)부터 각 수업을 마치는 시각은 40분+10분=50분을 더하면 되므로 4교시 수업을 마치는 시각은

9시 40분+50분+50분+50분=9시 40분+150분

=9시 40분+2시간 30분=12시 10분입니다.

▶ 정답 : 12시 10분

23 3L−1L 630mL=1L 370mL

▶ 정답 : 1L 370mL

24 (귤과 사과의 무게)

=4kg 500g+7kg 800g=12kg 300g

따라서 상자만의 무게는

14kg 200g−12kg 300g=1kg 900g입니다.

▶ 정답 : 1kg 900g

106쪽 유형 75 (두 자리 수)×(한 자리 수), (세 자리 수)×(한 자리 수)

1 (전체 계란 수)=(한 판의 계란 수)×(판 수)
=30×6=180(개)

▶ 정답 : 180개

2 (성현이가 사용한 철사의 길이)=285×3=855(cm)
(준호가 사용한 철사의 길이)=176×4=704(cm)
(성현이와 준호가 사용한 철사의 길이)
=855+704=1559(cm)

▶ 정답 : 1559cm

107쪽 유형 76 (두 자리 수)×(두 자리 수)

1 하루는 24시간이므로 두 공장에서 쉬지 않고 하루에 만들 수 있는 장난감은
((가) 장난감 공장에서 만들 수 있는 장난감 수)+((나) 장난감 공장에서 만들 수 있는 장난감 수)
=24×68+24×74=1632+1776=3408(개)입니다.

▶ 정답 : 3408개

2 (승연이의 줄넘기 수)=85×45=3825(번)
(진욱이의 줄넘기 수)=90×40=3600(번)이므로
승연이가 3825−3600=225(번) 더 많이 넘었습니다.

▶ 정답 : 승연, 225번

3 (3학년 학생 수)=12×37=444(명)
(4학년 학생 수)=16×28=448(명)
따라서 3, 4학년 학생 수는 444+448=892(명)입니다.

▶ 정답 : 892명

108쪽 유형 77 (몇백)×(몇백)

1 100×700+500×400
=70000+200000=270000(원)

▶ 정답 : 270000원

2 (300일 동안 마신 물의 양)
=900×300=270000(mL)
(300일 동안 마신 우유의 양)
=400×300=120000(mL)
따라서 물의 양이 우유의 양보다
270000−120000=150000(mL) 더 많습니다.

▶ 정답 : 150000mL

109쪽 유형 78 (세 자리 수)×(두 자리 수), (네 자리 수)×(두 자리 수)

1 7월과 8월의 날수는 31+31=62(일)이므로 두 달 동안 달리는 거리는 모두 428×62=26536(km)입니다.

▶ 정답 : 26536km

2 1시간 35분=1시간+35분=60분+35분=95분이므로 1시간 35분 동안에 달리는 거리는 모두
1325×95=125875(m)입니다.

▶ 정답 : 125875m

110쪽 유형 79 세 수의 곱셈

1 35×2×7=70×7=490(회)

▶ 정답 : 490회

2 6×8×3=48×3=144(명)

▶ 정답 : 144명

111쪽 유형 80 기준이 되는 양을 이용해 필요한 양 구하기

1 2시간 30분=2시간+30분=120분+30분=150분
150분은 15분의 10배입니다.
따라서 가방도 15분의 10배를 만들 수 있습니다.
27×10=270(개)를 만들 수 있습니다.

▶ 정답 : 270개

112쪽 유형 81 주어진 수에 가까운 곱셈식 만들기

1 어떤 수를 □라 하여 식을 세웁니다. 43×□에서 □에 알맞은 수를 넣어 160에 가장 가까운 수를 찾습니다. 43×3=129, 43×4=172이므로 160에 가

장 가까운 수는 172이며 이때 곱한 수는 4입니다.

▶ 정답 : 4

2 28×□=250에서 □=9일 때 252로 가장 가깝습니다.
따라서 9에 82를 곱하면 9×82=738입니다.

▶ 정답 : 738

113쪽 유형 82 매듭이 있는 끈의 전체 길이 구하기

1 (색 테이프 55개의 길이)=36×55=1980(cm)
(겹친 부분의 길이)=54×8=432(cm)
(전체 이은 색 테이프의 길이)
=1980−432=1548(cm)

▶ 정답 : 1548cm

2 1m 25cm=125cm이므로
(이어 붙인 색 테이프의 길이)
=(색 테이프 13개의 길이)−(겹친 부분의 길이)
=125×13−5×12=1625−60=1565(cm)

▶ 정답 : 1565cm

114쪽 유형 83 다리 수를 알 때 마리 수 구하기

1 코끼리의 다리 수가 4개이므로 전체 다리 수는 17×4=68(개)입니다.
따라서 타조의 다리 수는 94−68=26(개)이므로 타조는 26÷2=13(마리)입니다.

▶ 정답 : 13마리

2 42대 전체를 자동차 수로 생각하면
바퀴 수는 42×4=168(개)이므로 직접 세어 본 개수와 168−130=38(개) 차이가 납니다.
따라서 오토바이의 수가 38÷2=19(대)입니다.
여기서 나누어 준 2는 자동차와 오토바이의 바퀴 수의 차입니다.

▶ 정답 : 19대

3 전체를 오리의 수로 생각하면 다리 수는
20×2=40(개)이므로 직접 세어 본 개수와
56−40=16(개) 차이가 납니다.
따라서 고양이는 16÷2=8(마리)입니다.

▶ 정답 : 8마리

115쪽 유형 84 나무의 간격으로 도로 길이 구하기

1 (팻말 사이의 간격)×(팻말 수)=3×15=45(m)

▶ 정답 : 45m

2 연못의 둘레에 2m 간격으로 25송이 심었으므로 전체 연못의 둘레의 길이는 2×25=50(m)입니다.

▶ 정답 : 50m

3 (운동장 둘레)=35×3=105(m)
(정민이가 달린 거리)=105×12=1260(m)

▶ 정답 : 1260m

116쪽 유형 85 어떤 수 구하기, 잘못한 계산 바르게 하기

1 5700을 곱해야 하는데 57을 곱했다면
57×100=5700이므로 100을 더 곱하면 됩니다.
따라서 1311×100=131100입니다.

▶ 정답 : 131100

2 두 자리 수를 ㉠㉡이라 하면,
6×㉡㉠=510, ㉡㉠=510÷6=85, 즉 ㉡=8,
㉠=5입니다.
따라서 두 자리 수 ㉠㉡은 58입니다.
바르게 계산하면 6×58=348입니다.

▶ 정답 : 348

3 어떤 수를 □라 하면, (□+7)×45=1260,
(□+7)=1260÷45, □+7=28, □=21
바르게 계산하면 (21−7)×45=630입니다.

▶ 정답 : 630

117쪽 유형 86 가장 큰 곱 구하기

1 가장 큰 곱은 65×8=520
둘째 번으로 큰 값은 85×6=510이므로 두 값의 합은 520+510=1030입니다.

▶ 정답 : 1030

2 • 값이 가장 큰 경우

➡ 두 수의 십의 자리에 가장 큰 수와 그 다음 큰 수가 오고, 일의 자리에 나머지 두 수가 옵니다.
$94\times61=5734$, $91\times64=5824$ 중 값이 더 큰 경우는 5824입니다.

• 값이 가장 작은 경우

➡ 두 수의 십의 자리에 가장 작은 수와 그 다음 작은 수가 오고, 일의 자리에 나머지 두 수가 옵니다.
$19\times46=874$, $16\times49=784$ 중 값이 더 작은 경우는 784입니다.

▶ 정답 : 5824, 784

118쪽 유형 87 똑같이 나누기

1 연필 4다스는 모두 $12\times4=48$(자루)이므로
(나누어 줄 사람 수)
$=$(전체 연필 수)$\div$(한 사람에게 나누어 주는 연필 수)
$=48\div6=8$(명)

▶ 정답 : 8명

2 영진이네 반 학생 수는 모두 $19+23=42$(명)이므로
(한 모둠의 사람 수)$=$(전체 학생 수)$\div$(모둠 수)
$=42\div7=6$(명)

▶ 정답 : 6명

3 (남은 색종이 수)$=50-8=42$(장)
(한 사람에게 나누어 줄 색종이 수)
$=$(남은 색종이 수)$\div$(사람 수)$=42\div6=7$(장)

▶ 정답 : 7장

119쪽 유형 88 (몇십)$\div$(몇)

1 (한 사람에게 나누어 줄 제기 수)
$=$(전체 제기 수)$\div$(사람 수)$=40\div2=20$(개)

▶ 정답 : 20개

2 (팀 수)$=$(전체 학생 수)$\div$(한 팀의 사람 수)
$=80\div4=20$(팀)

▶ 정답 : 20팀

3 (한 명이 먹을 수 있는 귤 수)
$=$(전체 귤 수)$\div$(사람 수)$=60\div3=20$(개)

▶ 정답 : 20개

120쪽 유형 89 몇십으로 나누기

1 (상자 수)
$=$(전체 배의 수)$\div$(한 상자에 담을 수 있는 배의 수)
$=180\div20=9$(상자)

▶ 정답 : 9상자

2 (필요한 버스 수)
$=$(전체 학생 수)$\div$(버스 한 대에 탈 사람 수)
$=330\div30=11$(대)

▶ 정답 : 11대

3 (만들 수 있는 다발 수)
$=$(전체 장미꽃 수)$\div$(한 다발의 장미꽃 수)
$=840\div40=21$(다발)

▶ 정답 : 21다발

121쪽 유형 90 나머지가 있는 나눗셈

1 (전체 연필 수)$\div$(사람 수)$=47\div3=15\cdots2$
15명까지 나누어 줄 수 있고, 2자루가 남습니다.

▶ 정답 : 15명, 2자루

2 (전체 사탕 수)$\div$(친구 수)$=63\div5=12\cdots3$
5명에게 12개까지 나누어 줄 수 있고, 3개가 남습니다.

▶ 정답 : 12개, 3개

3 (색 테이프의 길이)$\div$(도막 수)$=96\div7=13\cdots5$
색 테이프 한 도막의 길이는 13cm이고, 5cm가 남습니다.

▶ 정답 : 5cm

122쪽 유형 91 한 자리 수로 나누기

1 (한 팀의 사람 수)$=$(전체 사람 수)$\div$(팀 수)
$=84\div6=14$(명)

▶ 정답 : 14명

2 (전체 선수 수)$\div$(팀 수)$=41\div3=13\cdots2$

13명이 한 팀이되고, 2명이 남습니다.

▶ 정답 : 13명, 2명

3 (동화책 수)÷(책꽂이 한 칸에 꽂을 수 있는 책 수) =78÷5=15…3이므로 15칸에 꽂으면 3권이 남으므로 모두 16칸이 필요합니다.

▶ 정답 : 16칸

123쪽 유형 92 두 자리 수로 나누기

1 (전체 당근 수)÷(한 상자에 포장할 당근 수) =443÷15=29…8이므로 모두 29상자가 나옵니다.

▶ 정답 : 29상자

2 (전체 구슬 수)÷(팔찌 하나를 만드는데 필요한 구슬 수) =780÷28=27…24이므로 모두 27개의 팔찌를 만들 수 있습니다.

▶ 정답 : 27개

3 (전체 묘목 수)÷(심을 학생 수)=353÷54=6…29이므로 한 사람이 6그루까지 심고, 29그루가 남습니다.

▶ 정답 : 6그루, 29그루

124쪽 유형 93 나눗셈의 몫의 크기 비교

1 (전체 구슬 수)=42+30=72(개)
(한 사람이 가지는 구슬 수)
=(전체 구슬 수)÷(나누어 가질 사람 수)
=72÷6=12(개)

▶ 정답 : 12개

125쪽 유형 94 범위 안에서 나누어떨어지는 수 찾기

1 14÷3=(×), 15÷3=5(◯)
16÷3=(×), 17÷3=(×)
18÷3=6(◯), 19÷3=(×)
20÷3=(×), 21÷3=7(◯)
22÷3=(×), 23÷3=(×)
24÷3=8(◯), 25÷3=(×)
26÷3=(×)

13보다 크고 27보다 작은 수 중에서 3으로 나누어떨어지는 수는 모두 4개입니다.

▶ 정답 : 4개

2 36÷9=4, 45÷9=5, 54÷9=6
27보다 크고 63보다 작은 수 중에서 9로 나누어떨어지는 수는 모두 3개입니다.

▶ 정답 : 3개

3 63÷7=9, 70÷7=10, 77÷7=11, 84÷7=12, 91÷7=13, 98÷7=14
60보다 크고 100보다 작은 수 중에서 7로 나누어떨어지는 수는 모두 6개입니다.

▶ 정답 : 6개

126쪽 유형 95 필요한 나무 수 구하기

1 (필요한 꽃의 수)
=(연못 둘레의 길이)÷(꽃을 심는 간격의 길이)
=84÷3=28(송이)

▶ 정답 : 28송이

2 (필요한 나무의 수)
=(연못 둘레)÷(나무를 심는 간격의 길이)
=32÷4=8(그루)

▶ 정답 : 8그루

127쪽 유형 96 학생들이 앉을 의자의 개수 알기

1 (전체 수수깡 수)÷(나누어 줄 학생 수) =83÷5=16…3이므로 남은 수수깡을 남김없이 나누어 주려면 남은 수수깡이 3개이므로 5개가 되려면 2개가 더 필요합니다.

▶ 정답 : 2개

2 (남학생 수)÷(한 대에 탈 수 있는 학생 수)
=78÷5=15…3
남학생이 모두 타려면 15+1=16(대)가 필요합니다.
(여학생 수)÷(한 대에 탈 수 있는 학생 수)
=88÷7=12…4
여학생이 모두 타려면 12+1=13(대)가 필요합니다.

따라서 승용차는 모두 $16+13=29$(대)가 필요합니다.

▶ 정답 : 29대

128쪽 유형 97 주어진 도형을 작은 도형으로 나누기

1 (가로에 필요한 정사각형 타일 수)
=(직사각형의 가로의 길이)÷(타일 한 변의 길이)
$=84\div6=14$(장)
(세로에 필요한 정사각형 타일 수)
=(직사각형의 세로의 길이)÷(타일 한 변의 길이)
$=96\div6=16$(장)
따라서 정사각형 모양의 타일은 모두
$14\times16=224$(장)이 필요합니다.

▶ 정답 : 224장

2 (직사각형의 가로로 만들 수 있는 정사각형의 수)
$=57\div3=19$(장)
(직사각형의 세로로 만들 수 있는 정사각형의 수)
$=42\div3=14$(장)
따라서 모두 $19\times14=266$(장) 만들 수 있습니다.

▶ 정답 : 266장

129쪽 유형 98 어떤 수 구하기, 잘못한 계산 바르게 하기

1 어떤 수를 □라 하면,
$\square\div5=17\cdots2$, $\square=17\times5+2=87$
따라서 $87\div7=12\cdots3$이므로 몫과 나머지의 차는
$12-3=9$입니다.

▶ 정답 : 9

2 $\square\div8=\bigstar\cdots3$에서 $\bigstar=12$일 때
$\square=12\times8+3=99$
어떤 수 중에서 가장 큰 두 자리 수는 99입니다.

▶ 정답 : 99

3 $\square\div6=\bigstar\cdots5$에서 $\bigstar=15$일 때
$\square=15\times6+5=95$
어떤 수 중에서 가장 큰 두 자리 수는 95입니다.

▶ 정답 : 95

130쪽 유형 99 숫자 카드를 이용하여 나눗셈의 몫 구하기

1 가장 큰 몫일 경우는 가장 큰 두 자리 수를 가장 작은 한 자리 수로 나누는 경우입니다.
$86\div2=43$
가장 작은 몫일 경우는 가장 작은 두 자리 수를 가장 큰 한 자리 수로 나누는 경우입니다.
$26\div8=3\cdots2$
따라서 가장 큰 몫과 가장 작은 몫의 합은
$43+3=46$입니다.

▶ 정답 : 46

2 가장 큰 몫일 경우는 가장 큰 세 자리 수를 가장 작은 두 자리 수로 나누는 경우입니다.
$875\div24=36\cdots11$
가장 작은 몫일 경우는 가장 작은 세 자리 수를 가장 큰 두 자리 수로 나누는 경우입니다.
$245\div87=2\cdots71$
따라서 가장 큰 몫과 가장 작은 몫의 차는
$36-2=34$입니다.

▶ 정답 : 34

131쪽 유형 100 둘레 구하기

1 (스티커의 가로의 길이)$=5\times3=15$(cm)
(스티커의 세로의 길이)$=5\times4=20$(cm)
(스티커의 둘레의 길이)$=(15+20)\times2=70$(cm)

▶ 정답 : 70cm

132쪽 유형 101 둘레를 이용하여 한 변의 길이 구하기

1 (쟁반의 한 변의 길이)
=(쟁반의 둘레의 길이)$\div4=64\div4=16$(cm)

▶ 정답 : 16cm

2 정삼각형의 세 변의 길이는 같으므로 정삼각형의 한 변의 길이는 $78\div3=26$(m)입니다.

▶ 정답 : 26m

133쪽 유형 102 넓이 구하기

1 (정사각형의 넓이)$=17\times17=289(cm^2)$
(직사각형의 넓이)$=19\times11=209(cm^2)$
➡ 두 도형의 넓이의 합은 $289+209=498(cm^2)$입니다.

▶ 정답 : $498cm^2$

2 (삼각형의 넓이)$=5\times8\div2=20(cm^2)$
(밑변을 2배로 늘인 삼각형의 넓이)
$=10\times8\div2=40(cm^2)$
따라서 삼각형의 밑변을 2배로 늘이면 넓이는 2배로 늘어납니다.

▶ 정답 : 2배

134쪽 유형 103 넓이의 활용

1 (직사각형 모양의 사진의 넓이)
=(가로의 길이)×(세로의 길이)
$=12\times9=108(cm^2)$
(정사각형 모양의 사진의 한 변의 길이)
=(정사각형 모양의 사진의 둘레의 길이)÷4
$=32\div4=8(cm)$
(정사각형 모양의 사진의 넓이)
=(한 변의 길이)×(한 변의 길이)
$=8\times8=64(cm^2)$
따라서 두 사진의 넓이의 합은
$108+64=172(cm^2)$입니다.

▶ 정답 : $172cm^2$

2 (직사각형 모양의 수첩의 넓이)
=(가로의 길이)×(세로의 길이)
$=12\times7=84(cm^2)$
(정사각형 모양의 수첩의 넓이)
=(한 변의 길이)×(한 변의 길이)
$=9\times9=81(cm^2)$
따라서 $84-81=3(cm^2)$ 더 넓습니다.

▶ 정답 : $3cm^2$

3 (정사각형의 넓이)
=(한 변의 길이)×(한 변의 길이)
$=12\times12=144(cm^2)$
(직사각형의 넓이)
=(가로의 길이)×(세로의 길이)
$=6\times8=48(cm^2)$
정사각형의 넓이는 직사각형의 넓이의 $144\div48=3$(배)입니다.

▶ 정답 : 3배

135쪽 유형 104 둘레를 알고 넓이 구하기

1 (정사각형의 한 변의 길이)
=(정사각형의 둘레의 길이)$\div4=80\div4=20(cm)$
(정사각형의 넓이)
=(한 변의 길이)×(한 변의 길이)
$=20\times20=400(cm^2)$

▶ 정답 : $400cm^2$

2 세로의 길이를 □라고 하면
(둘레의 길이)=(□+4+□)×2=40(cm)
따라서 가로가 12cm, 세로가 8cm인 직사각형의 넓이는 $12\times8=96(cm^2)$입니다.

▶ 정답 : $96cm^2$

3
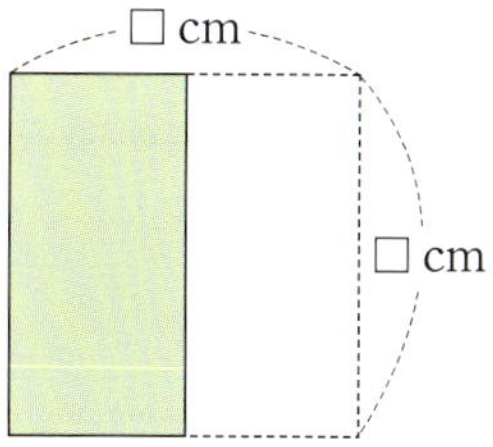

(색칠한 직사각형의 둘레)
$=□\times3=24(cm)$
$□=24\div3=8(cm)$
(처음 정사각형의 넓이)
$=8\times8=64(cm^2)$

▶ 정답 : 64cm

4 둘레의 길이가 36cm이므로 한 변의 길이는 9cm입니다.
따라서 2장을 나란히 붙이면 가로의 길이는 18cm

가 되고, 세로의 길이는 그대로 9cm가 됩니다.
$18 \times 9 = 162(cm^2)$ 입니다.

▶ 정답 : $162cm^2$

136쪽 유형 105 늘어나거나 줄어든 넓이 구하기

1 (늘어난 직사각형의 가로의 길이)$=7+3=10(cm)$
(늘어난 직사각형의 세로의 길이)$=7+5=12(cm)$
(늘어난 직사각형의 넓이)
$=$(늘어난 가로의 길이)$\times$(늘어난 세로의 길이)
$=10 \times 12 = 120(cm^2)$
처음 정사각형의 넓이는 $7 \times 7 = 49(cm^2)$이므로
늘어난 넓이는 $120-49=71(cm^2)$ 입니다.

▶ 정답 : $71cm^2$

2 (처음 정사각형의 넓이)$=30 \times 30 = 900(cm^2)$
(나중 정사각형의 넓이)$=15 \times 15 = 225(cm^2)$
(줄어든 넓이)$=900-225=675(cm^2)$

▶ 정답 : $675cm^2$

137쪽 유형 106 덧셈, 뺄셈, ( )가 섞여 있는 식

1 $1000-(200+400)=1000-600=400$(원)

▶ 정답 : 400원

2 $(19+15)-9=34-9=25$(명)

▶ 정답 : 25명

138쪽 유형 107 곱셈, 나눗셈, ( )가 섞여 있는 식

1 $900 \div (5 \times 3) = 900 \div 15 = 60$(원)

▶ 정답 : 60원

2 $168 \div (4 \times 6) = 168 \div 24 = 7$(시간)

▶ 정답 : 7시간

139쪽 유형 108 덧셈, 뺄셈과 곱셈 또는 나눗셈이 섞여 있는 식

1 $48 \times 25 + 37 = 1200 + 37 = 1237$(개)

▶ 정답 : 1237개

2 $5000 - 500 \times 3 + 3500$
$=5000-1500+3500=7000$(원)

▶ 정답 : 7000원

140쪽 유형 109 덧셈 또는 뺄셈과 곱셈, 나눗셈이 섞여 있는 식

1 $340 \div 2 + 720 \div 6 \times 2$
$=170+120 \times 2 = 170+240=410(g)$

▶ 정답 : 410g

2 2개월은 60일이므로
$1350 \times 60 - 4600 \div 5 \times 60$
$=81000-55200=25800(mL)$

▶ 정답 : 민성이네, 25800mL

141쪽 유형 110 ( ), { }가 있는 식

1 $2000-(700+450 \div 3 \times 4)$
$=2000-(700+150 \times 4)$
$=2000-(700+600)$
$=2000-1300=700$(원)

▶ 정답 : 700원

2 $50-(90 \div 5 + 5 \times 3)$
$=50-(18+15)=50-33=17$(장)

▶ 정답 : 17장

142쪽 플러스 확인 문제

1 고등어 한 손은 2마리이므로 3손은 6마리입니다. 따라서 6마리의 값을 구하면 $650 \times 6 = 3900$(원)입니다.

▶ 정답 : 3900원

2 (하루에 외우는 영어 단어 수)$=30 \times 2 = 60$(개)
6월의 날수는 30일이므로
(6월 한 달 동안 외울 수 있는 영어 단어 수)
$=30 \times 60 = 1800$(개)

▶ 정답 : 1800개

3 (전체 연필 수)$=12 \times 6 = 72$(자루)
(남은 연필 수)$=72-46=26$(자루)

▶ 정답 : 26자루

4 $12\times8=96$(병), $12\times3+10=46$(병)이므로 남은 과일 주스는 $96-46=50$(병)입니다.

▶ 정답 : 50병

5 영재 : $19\times8+16=152+16=168$(쪽),
민준 : $24\times6=144$(쪽)
➡ $168-144=24$(쪽)

▶ 정답 : 24쪽

6 5, 6, 7, 8, 9를 첫째와 둘째 조건에 대입하여 풀어 보면, 어떤 수는 7과 8이므로
$27\times7=189$, $27\times8=216$입니다.

▶ 정답 : 189, 216

143쪽 플러스 확인 문제

7 풍선껌은 9개, 사탕은 3개 샀으므로 $53\times9=477$, $81\times3=243$이고, $477+243=720$(원)입니다.

▶ 정답 : 720원

8 (상자에 담은 감의 수)$=70\times80=5600$(개)
(오늘 수확한 감의 수)$=5600+39=5639$(개)

▶ 정답 : 5639개

9 (전체 학생 수)$=47\times68=3196$(명)
(남학생 수)$=18\times68=1224$(명)
(여학생 수)$=$(전체 학생 수)$-$(남학생 수)
$=3196-1224=1972$(명)

▶ 정답 : 1972명

10 1시간 35분$=$60분$+$35분$=$95분이므로
(민성이가 걸은 거리)$=68\times95=6460$(m)이고,
1km$=$1000m이므로.
6460m$=$6000m$+$460m$=$6km$+$460m
$=$6km 460m입니다.
따라서 민성이가 걸은 거리는 모두 6km 460m입니다.

▶ 정답 : 6km 460m

11 (45인승 버스에 탄 학생 수)$=45\times24=1080$(명)
(36인승 버스에 탄 학생 수)$=36\times9=324$(명)
(체험학습을 가는 학생 수)
$=1080+324+7=1404+7=1411$(명)

▶ 정답 : 1411명

12 (양면색종이 한 장의 값)$=80\div4=20$(원)
(단면색종이 한 장의 값)$=90\div5=18$(원)
따라서 양면색종이가 $20-18=2$(원) 더 비쌉니다.

▶ 정답 : 양면색종이, 2원

144쪽 플러스 확인 문제

13 $8\times7-2=54$, $54\div6=9$(개)

▶ 정답 : 9개

14 1시간 12분$=$60분$+$12분$=$72분이므로 1장을 푸는 데는 $72\div6=12$(분) 걸립니다.
따라서 11장을 푸는 데는 $12\times11=132$(분)이 걸립니다.
132분$=$120분$+$12분$=$2시간 12분

▶ 정답 : 2시간 12분

15 어떤 수를 □라 하면,
□$\div68=8\cdots54$이므로 □$=68\times8+54=598$입니다.
➡ $598\div76=7\cdots66$이므로 몫은 7이고, 나머지는 66입니다.

▶ 정답 : 7, 66

16 $8\times4=32$(개), $32\times2=64$(개), $64-8=56$(개)이므로 $56\div7=8$(개)

▶ 정답 : 8개

17 $32-(3\times6)=14$(m)이므로 간격은 $14\div7=2$(m)

▶ 정답 : 2m

18 나눗셈의 검산식을 이용합니다.
(처음에 있던 방울토마토의 수)$=9\times10+3=93$(개)
(처음에 있던 딸기 수)$=9\times8+5=77$(개)

▶ 정답 : 93개, 77개

145쪽 플러스 확인 문제

19 ① 8모둠으로 나누면 한 모둠에 7명씩 되고, 남는 학생은 5명보다 적으므로 전체 학생 수는
$8\times7+5=61$(명)보다 적고, $8\times7=56$(명)보

다 많거나 같습니다.

➡ 56명, 57명, 58명, 59명, 60명

② 9모둠으로 나누면 한 모둠에 6명씩 되고, 남는 학생은 5명보다 많으므로 전체 학생 수는

$9\times6+5=59$(명)보다 많고, $9\times6+8=62$(명)보다 적거나 같습니다.

➡ 60명, 61명, 62명

따라서 ①, ②에서 소연이네 학교 3학년 학생들은 모두 60명입니다.

▶ 정답 : 60명

20 색 테이프 7개를 서로 겹쳤으므로 겹쳐지는 부분은 6군데이므로,

(겹쳐지는 부분의 총 길이)$=2\times6=12$(cm)입니다,

(이은 색 테이프 전체 길이)

=(색 테이프 7개의 길이)−(겹쳐지는 부분의 총 길이)이므로

(색 테이프 7개의 길이)

=(이은 색 테이프 전체 길이)+(겹쳐지는 부분의 총 길이)

$=51+12=63$(cm)입니다.

따라서 (색 테이프 한 개의 길이)$=63\div7=9$(cm)입니다.

▶ 정답 : 9cm

21 하루에 토끼 한 마리가 $20\div4=5$(개)를 먹고, 토끼 7마리는 $5\times7=35$(개)를 먹습니다.

140개는 $140\div35=4$이므로 토끼 7마리가 4일 동안 먹을 수 있습니다.

▶ 정답 : 4일

22 (직사각형의 넓이)$=14\times10=140$(cm^2)

(정사각형의 넓이)$=2\times2=4$(cm^2)

(배추밭의 세로의 길이)$=140\div4=35$(배)

▶ 정답 : 35배

23 (오이밭의 넓이)$=48\times26\div2=624$(m^2)

(배추밭의 넓이)=(오이밭의 넓이)이므로

(배추밭의 세로의 길이)$=624\div39=16$(m)

▶ 정답 : 16m

24 $5000-300\times8+3000$

$=5000-2400+3000$

$=2600+3000=5600$(원)

▶ 정답 : 5600원

규칙성과 문제 해결

148쪽 유형 111 두 수의 합이나 차를 이용하여 풀기

1 여학생은 남학생보다 20명 더 많다고 했으므로 여학생 수는 $(376+20)\div2=396\div2=198$(명)입니다.

▶ 정답 : 198명

2 긴 쪽의 자의 길이는
$(50+8)\div2=58\div2=29$(cm)이므로
짧은 쪽 자의 길이는 $50-29=21$(cm)입니다.

▶ 정답 : 21cm

149쪽 유형 112 두 수의 합이나 차가 일정한 경우

1 할아버지와 진수의 나이의 차는 $63-8=55$(살),
3년 후 할아버지 66세, 진수 11살로 진수의 나이가 할아버지의 $\frac{1}{6}$이 됩니다.

▶ 정답 : 3년 후

2 두 사람이 가지고 있는 금액의 합은
$5500+3500=9000$(원)이고,
민호의 돈이 혜수의 돈의 2배가 되려면 혜수가 가진 돈은 $9000\div3=3000$(원)이고, 민호는 6000원을 가져야 합니다.
따라서 혜수가 민호에게 500원을 줘야 합니다.

▶ 정답 : 500원

150쪽 유형 113 서로 다른 양으로 나누어 주기

1 그림으로 나타내면 다음과 같습니다.

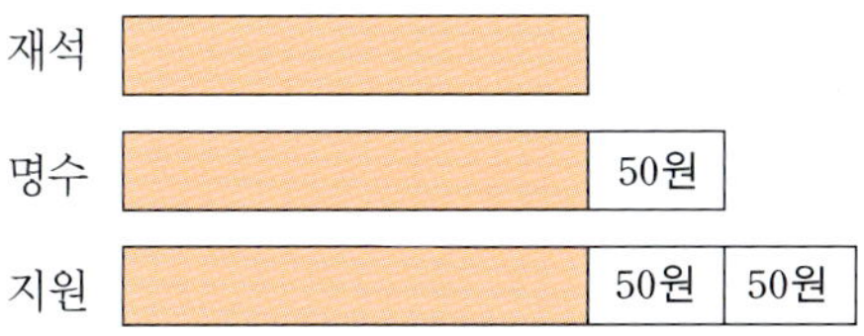

재석이가 갖게 되는 돈은 $(900-150)\div3=250$(원), 명수가 갖게 되는 돈은 $250+50=300$(원), 지원이가 갖게 되는 돈은 $300+50=350$(원)입니다.

▶ 정답 : 250원, 300원, 350원

2 그림으로 나타내면 다음과 같습니다.

즉 유정이는 전체 구슬 43개의 $\frac{1}{3}$만큼 가졌으므로
$42\div3=14$(개)를 가졌습니다.

▶ 정답 : 14개

151쪽 유형 114 중복되는 부분을 생각하여 계산하기

1 (물 반만의 무게)
=(빈 통에 물을 가득 넣었을 때의 무게)−(물을 반만큼 마시고 나서 무게)
$=780-430=350$(g)
(물을 가득 넣었을 때 물만의 무게)
$=350+350=700$(g)
(빈 통의 무게)$=780-700=80$(g)

▶ 정답 : 80g

2 (색종이 6장)+(도화지 2장)=640(원)이므로
(색종이 3장)+(도화지 1장)=320(원)입니다.
(색종이 3장)+(도화지 3장)=720(원)이므로
도화지 2장의 값은 $720-320=400$(원),
도화지 1장의 값은 $400\div2=200$(원)입니다.
(색종이 3장)+(도화지 1장)=320(원)에서
(색종이 3장)$=320-200=120$(원)이므로
색종이 1장의 값은 $120\div3=40$(원)입니다.

▶ 정답 : 40원

152쪽 유형 115 전체의 차를 부분의 차로 나누어 구하기

1 1분에 채워지는 물의 양은 $12-3=9$(L)이므로 360L가 되려면, $360\div9=40$(분) 동안 물을 채운 것입니다.

▶ 정답 : 40분

2 두 사람의 동화책 쪽수의 차는 $280-200=80$(쪽)이고 매일 읽는 동화책 쪽수의 차는 $30-14=16$(쪽)이

므로 두 사람이 읽고 남은 쪽수가 같아지는 때는
80÷16=5(일) 후입니다.

▶ 정답 : 5일 후

153쪽 유형 116 한쪽을 다른 쪽으로 바꾸어 구하기

1 30개 모두 구슬이 9개씩 들어 있는 통이라 하면 30×9=270(개)이므로 그 차는 270−243=27(개)입니다. 들어 있는 구슬의 차는 9−6=3(개)이므로 6개씩 들어 있는 통은 27÷3=9(개)입니다.

▶ 정답 : 9개

2 30대 모두 세발자전거라고 하면 바퀴 수는 30×3=90(개)이므로 그 차인 90−78=12(대)는 두발자전거입니다.
따라서 세발자전거는 30−12=18(대)입니다.

▶ 정답 : 18대

154쪽 유형 117 그림을 그려서 해결하기

1

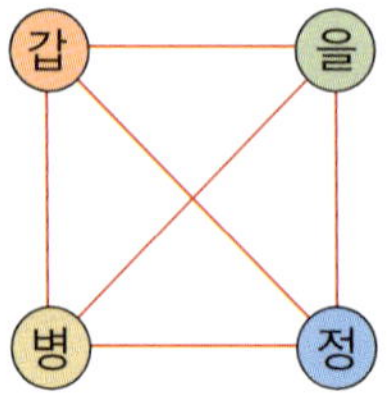

그림에서 각 사람끼리 이은 선은 모두 6개이므로 악수를 모두 6번 해야 합니다.

▶ 정답 : 6번

2

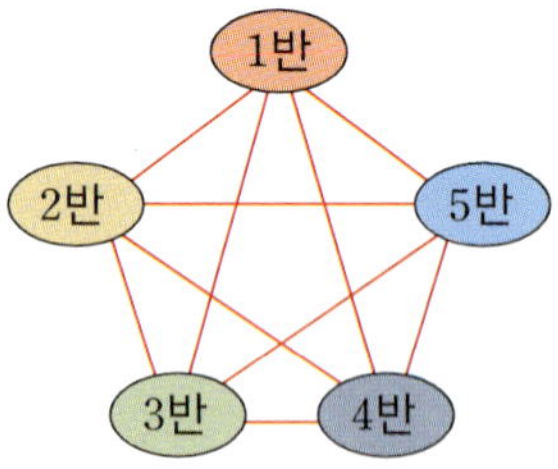

각 반끼리 이은 선은 모두 10개이므로 피구 경기를 모두 10번 해야 합니다.

▶ 정답 : 10번

155쪽 유형 118 식을 만들어서 해결하기

1 밤의 길이를 □라 하면,
낮의 길이는 □+3시간 10분이므로
□+□+3시간 10분=24시간
□+□=24시간−3시간 10분=20시간 50분
따라서 □=10시간 25분이므로 낮의 길이는 10시간 25분+3시간 10분=13시간 35분입니다.
(해가 진 시각)=5시 35분+13시간 35분
=19시 10분

▶ 정답 : 오후 7시 10분

156쪽 유형 119 규칙을 찾아서 해결하기

1 5월 5일에서 며칠 후가 8월 5일인지 알아보면 5월 5일에서 26일 후가 31일이므로
26+30+31+5=92(일) 후가 8월 5일이 됩니다.
따라서 92÷7=13⋯1에서 1일 후의 요일과 같으므로 일요일입니다.

▶ 정답 : 일요일

2 (영화 1회 상영 시간)
=11시 30분−10시 10분=1시간 20분
영화 5회가 끝나려면 영화 5회분 상영시간과 4번의 휴식 시간이 지나야 하므로 모두
1시간 20분+20분+1시간 20분+20분+1시간 20분+20분+1시간 20분+20분+1시간 20분=8시간이 걸립니다.
따라서 10시 10분부터 8시간 후는
10시 10분+8시간=18시 10분=오후 6시 10분입니다.

▶ 정답 : 오후 6시 10분

157쪽 유형 120 거꾸로 생각하여 해결하기

1 (과자를 사기 전의 돈)
=2800+700=3500(원)
(학용품을 사기 전의 돈)
=3500+1500=5000(원)

따라서 처음 용돈은 5000원입니다.

▶ 정답 : 5000원

2 (용주네 반이 받은 끈의 길이)
$=2\times7=14(\mathrm{m})$
(처음 끈의 길이)
$=14\times5=70(\mathrm{m})$

▶ 정답 : 70m

158쪽 유형 121 예상하고 확인하여 해결하기

1 펼친 두 쪽수를 30쪽과 31쪽이라 예상하면 $30\times31=930$으로 1056보다 작으므로 수를 더 크게 예상하면 $32\times33=1056$이 됩니다. 따라서 펼친 두 쪽수는 각각 32쪽과 33쪽입니다.

▶ 정답 : 32쪽, 33쪽

2 남학생 수를 20명이라 예상하면 여학생 수는
$34-20=14$(명)이 되고 남학생은 여학생보다
$20-14=6$(명) 더 많게 되어 예상이 틀립니다.
남학생 수를 19명이라 예상하면 여학생 수는
$34-19=15$(명)이 되고 남학생은 여학생보다
$19-15=4$(명) 더 많게 되어 예상이 맞습니다.
따라서 남학생 수는 모두 19명입니다.

▶ 정답 : 19명

3 200원짜리 공책을 5권 샀다고 예상하면, 300원짜리 공책도 5권 샀으므로
$200\times5+300\times5=2500$(원)이므로 예상보다 적습니다. 다시 200원짜리 공책을 3권, 300원짜리 공책을 7권 샀다고 예상하면
$200\times3+300\times7=2700$(원)으로 예상이 맞습니다.

▶ 정답 : 200원짜리 공책 : 3권
300원짜리 공책 : 7권

159쪽 유형 122 표를 만들어서 해결하기

1 표를 만들면 다음과 같습니다.

돼지의 수(마리)	17	18	19	20
닭의 수(마리)	18	17	16	15
다리 수의 합(개)	104	106	108	110

따라서 돼지는 19마리, 닭은 16마리입니다.

▶ 정답 : 돼지 19마리, 닭 16마리

2 표를 만들면 다음과 같습니다.

남학생 수(명)	17	18	19	20
여학생 수(명)	17	16	15	14
차(명)	0	2	4	6

따라서 남학생은 20명, 여학생은 14명입니다.

▶ 정답 : 남학생 20명, 여학생 14명

160쪽 유형 123 조건을 따져 가며 해결하기

1 네 자리 수의 크기를 비교할 때에는 천의 자리부터 차례로 비교합니다.
먼저 천의 자리를 비교하면
$8>7>4$이므로 $8611>7462>4897$입니다.
따라서 저금을 많이 한 순서대로 이름을 쓰면 윤성, 승권, 동후입니다.

▶ 정답 : 윤성, 승권, 동후

2 먼저 백만의 자리의 숫자를 비교하면
2006년도(392만 5113명)가 가장 적고, 십만의 자리의 숫자를 비교하면
2005년도(402만 2801명)로 둘째 번으로 적습니다.
만의 자리의 숫자를 비교하면
$7>3>1$이므로 2003년도(417만 5626명)$>$2002년도(413만 8366명)$>$2004년도(411만 6195명) 의 순입니다.
따라서 둘째 번으로 많은 연도는 2002년도이고, 넷째 번으로 많은 연도는 2005년도입니다.

▶ 정답 : 2002년, 2005년

161쪽 유형 124 단순화하여 해결하기

1 정삼각형 모양의 땅 둘레에 기둥을 한 변에 4개씩

같은 간격으로 세운다고 생각해보면
(한 변에 세우는 기둥 수)×(변의 수)−(꼭짓점의 기둥 수)$=4\times3-3=9$(개)이므로 한 변에 10개씩 같은 간격으로 세우려면 기둥은 모두
$10\times3-3=27$(개)가 필요합니다.

▶ 정답 : 27개

2 3도막으로 자르려면 2번 자르고, 1번 쉽니다.
4도막으로 자르려면 3번 자르고, 2번 쉽니다.
5도막으로 자르려면 4번 자르고, 3번 쉽니다.
5도막이 되려면 $4\times6+3=27$(분)이 걸립니다.
10도막이 되려면 $9\times6+8=62$(분)이 걸립니다.
따라서 통나무는 10도막이 됩니다.

▶ 정답 : 10도막

162쪽 플러스 확인 문제

1

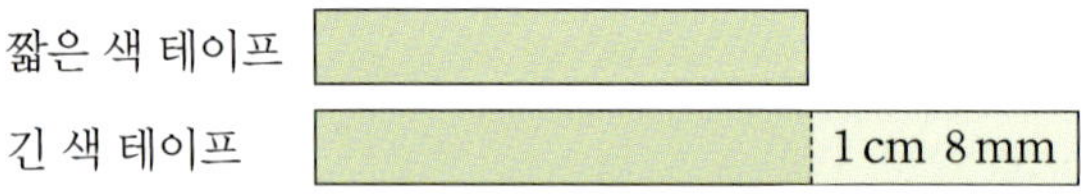

10cm − 1cm 8mm = 8cm 2mm
따라서 짧은 색 테이프의 길이는 4cm 1mm이고,
긴 색 테이프의 길이는
4cm 1mm + 1cm 8mm = 5cm 9mm입니다.

▶ 정답 : 5cm 9mm

2 사람 수를 □명이라고 하면, 5개씩 나누어 줄 때와 8개씩 나누어 줄 때에 필요한 사탕 수의 차는
$4+8=12$(개)이므로 사람 수는
$12\div(8-5)=4$(명)이고, 사탕 수는
$5\times4+4=24$(개)입니다.

▶ 정답 : 4명, 24개

3 간격이 $240\div8=30$(개)이고, 연못의 간격 수와 필요한 의자 수는 같습니다. 의자가 12개 있으므로 더 필요한 의자 수는 $30-12=18$(개)입니다.

▶ 정답 : 18개

4 (달걀 4개만의 무게)
=(달걀 15개가 들어 있는 상자의 무게)−(달걀 11개가 들어 있는 상자의 무게)
$=940-700=240$(g)
(달걀 1개의 무게)$=240\div4=60$(g)
(달걀 15개의 무게)$=60\times15=900$(g)
따라서 상자만의 무게는 (달걀 15개가 들어 있는 상자의 무게)−(달걀 15개의 무게)$=940-900=40$(g)

▶ 정답 : 40g

5 민지가 1분에 60m씩 3분 동안 간 거리는
$60\times3=180$(m)이므로 180m만큼 민지가 종수보다 앞서 간 것입니다.
종수가 민지보다 $80-60=20$(m)씩 더 가게 되므로 3분 동안 앞선 거리인 180m를 따라잡는 데는
$180\div20=9$(분)이 걸립니다.
따라서 종수가 민지를 따라 잡은 것은 출발한 지 9분 후입니다.

▶ 정답 : 9분 후

6 (체육과 음악 중 한 가지만 좋아하는 학생 수)
=(전체 학생 수)−(체육과 음악을 모두 좋아하지 않는 학생 수)
$=5462-1865=3597$(명)
(체육과 음악을 모두 좋아하는 학생 수)
=(체육을 좋아하는 학생 수)+(음악을 좋아하는 학생 수)−(체육과 음악 중 한 가지만 좋아하는 학생 수)
$=3516+2934-3597$
$=6450-3597=2853$(명)

▶ 정답 : 2853명

163쪽 플러스 확인 문제

7

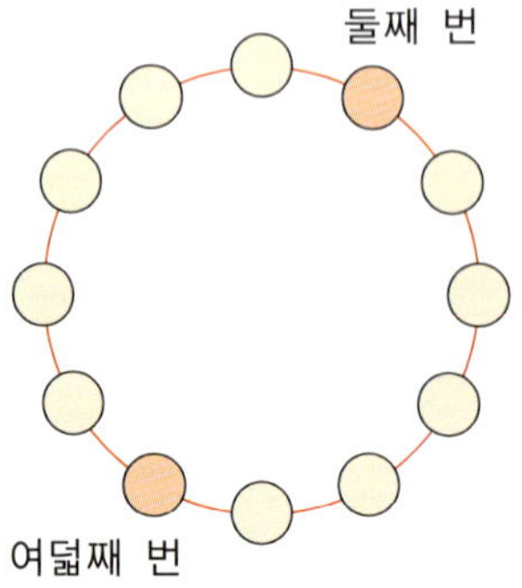

둘째 번 사람과 여덟째 번 사이의 친구가 5명이고, 이 5명과 마주 보는 친구도 5명입니다.
따라서 탁자에 앉아 있는 사람은 모두
$5+5+2=12$(명)입니다.

▶ 정답 : 12명

8

100원짜리(개)	6	5	4	3	2	1	0
50원짜리(개)	0	2	4	6	8	10	12

표를 만들어 알아보면 600원을 만드는 방법은 모두 7가지입니다.

▶ 정답 : 7가지

9
- 이긴 횟수를 8번으로 예상하면 진 횟수는 $8-4=4$(번)이고, $8+4=12<16$이므로 8번보다 큰 수로 예상합니다.
- 이긴 횟수를 9번으로 예상하면 진 횟수는 $9-4=5$(번)이고, $9+5=14<16$이므로 9번보다 큰 수로 예상합니다.
- 이긴 횟수를 10번으로 예상하면 진 횟수는 $10-4=6$(번)이므로, $10+6=16$으로 예상한 값이 맞습니다.

따라서 석희는 10번 이겼습니다.

다른 해설

석희가 이긴 횟수를 □번이라 하면 진 횟수는 □-4입니다. 따라서 □$+$□$-4=16$이므로 □$+$□$=20$, □$=10$입니다. 따라서 석희는 10번 이겼습니다.

▶ 정답 : 10번

10 호성이가 남긴 길이는 $10\times2=20$(cm)이고, 20cm는 색 테이프의 $\frac{1}{3}$이므로 호성이가 처음에 가지고 있던 색 테이프는 $20\times3=60$(cm)입니다.

▶ 정답 : 60cm

11 1일이 첫째 주 화요일이므로 $1+7+7+7=22$(일)은 넷째 주 화요일입니다. 따라서 25일은 22일로부터 3일 후이므로 넷째 주 금요일입니다.

▶ 정답 : 넷째 주 금요일

12 블록이 2개씩 늘어나므로 9째 번에는
$1+2\times8=17$(개)의 블록이 필요합니다.

다른 해설

차례	첫째	둘째	셋째	넷째	다섯째	여섯째	일곱째	여덟째	아홉째
블록 수(개)	1	3	5	7	9	11	13	15	17

표를 만들어서 알아보면 9째 번에는 17개의 블록이 필요합니다.

▶ 정답 : 17개

유형별 교과 단원

	유형	학년-학기	탐구 활동
1	1000, 몇천	3-1	1. 10000까지의 수
2	네 자리 수	3-1	1. 10000까지의 수
3	만, 억, 조	4-1	1. 큰 수
4	억, 조를 묶음으로 나누어 보기	4-1	1. 큰 수
5	숫자 카드를 이용하여	3-1	1. 10000까지의 수
	조건에 맞는 수 만들기	4-1	1. 큰 수
6	조건에 맞는 수 구하기	3-1	1. 10000까지의 수
		4-1	1. 큰 수
7	수의 자릿값 알기	3-1	1. 10000까지의 수
		4-1	1. 큰 수
8	뛰어세기	3-1	1. 10000까지의 수
		4-1	1. 큰 수
9	수의 크기 비교	3-1	1. 10000까지의 수
		4-1	1. 큰 수
10	가려진 숫자가 있는 수의	3-1	1. 10000까지의 수
	크기 비교	4-1	1. 큰 수
11	부분은 전체에서 얼마인지 분수로 나타내기	3-1	7. 분수
12	전체의 부분만큼을 빼고 남은 것 알기	3-1	7. 분수
13	$\frac{▲}{☆}$는 $\frac{1}{☆}$이 몇인지 알기	3-1	7. 분수
14	자연수의 분수만큼 알기	3-1	7. 분수
15	부분의 양으로 전체의 양 알기	3-1, 4-1	7. 분수, 6.분수
16	가분수를 대분수로 또는 대분수를 가분수로 나타내기	4-1	6.분수
17	분수 뛰어세기	3-1	7. 분수
		4-1	6.분수
18	분자가 1인 분수의 크기 비교	4-1	6.분수
19	분모가 같은 분수의 크기 비교	4-1	6.분수
20	분수의 크기 비교의 활용	4-1	6.분수
21	소수 두 자리 수, 소수 세 자리 수	4-1	7.소수
22	소수 사이의 관계	4-1	7.소수
23	숫자 카드로 소수 만들기	3-2	6.소수
		4-1	7.소수
24	조건에 맞는 소수 만들기	3-2	6.소수
		4-1	7.소수
25	소수 뛰어세기	3-2	6.소수
		4-1	7.소수
26	소수의 크기 비교(1)	3-2	6.소수
		4-1	7.소수
27	소수의 크기 비교(2)	3-2	6.소수
		4-1	7.소수
28	이상과 이하	4-2	6.수의 범위와 어림
29	초과와 미만	4-2	6.수의 범위와 어림
30	수의 범위 활용	4-2	6.수의 범위와 어림
31	올림	4-2	6.수의 범위와 어림
32	버림	4-2	6.수의 범위와 어림
33	반올림	4-2	6.수의 범위와 어림
34	어림의 활용	4-2	6.수의 범위와 어림
35	세 자리 수, 네 자리 수의 덧셈	3-1	2. 덧셈과 뺄셈
		3-2	1. 덧셈과 뺄셈
36	세 자리 수, 네 자리 수의 뺄셈	3-1	2. 덧셈과 뺄셈

	유형	학년-학기	탐구 활동
		3-2	1. 덧셈과 뺄셈
37	세 수의 덧셈	3-1	2. 덧셈과 뺄셈
		3-2	1. 덧셈과 뺄셈
38	세 수의 뺄셈	3-1	2. 덧셈과 뺄셈
		3-2	1. 덧셈과 뺄셈
39	세 수의 덧셈과 뺄셈	3-1	2. 덧셈과 뺄셈
		3-2	1. 덧셈과 뺄셈
40	어떤 수 구하기,	3-1	2. 덧셈과 뺄셈
	잘못한 계산 바르게 하기	3-2	1. 덧셈과 뺄셈
41	어떤 수와의 관계를 이용	3-1	2. 덧셈과 뺄셈
	하여 모르는 두 수의 차 구하기	3-2	1. 덧셈과 뺄셈
42	숫자 카드를 이용하여	3-1	2. 덧셈과 뺄셈
	조건에 맞는 수로 계산하기	3-2	1. 덧셈과 뺄셈
43	분모가 같은 분수의 덧셈	4-2	1. 분수의 덧셈과 뺄셈
44	자연수와 분수의 뺄셈	4-2	1. 분수의 덧셈과 뺄셈
45	분모가 같은 분수의 뺄셈	4-2	1. 분수의 덧셈과 뺄셈
46	분모가 같은 분수의 덧셈과 뺄셈	4-2	1. 분수의 덧셈과 뺄셈
47	어떤 수 구하기, 잘못한 계산 바르게 하기	4-2	1. 분수의 덧셈과 뺄셈
48	자릿수가 같은 소수의 덧셈	4-2	2.소수의 덧셈과 뺄셈
49	자릿수가 다른 소수의 덧셈	4-2	2.소수의 덧셈과 뺄셈
50	자릿수가 같은 소수의 뺄셈	4-2	2.소수의 덧셈과 뺄셈
51	자릿수가 다른 소수의 뺄셈	4-2	2.소수의 덧셈과 뺄셈
52	소수의 뺄셈의 활용	4-2	2.소수의 덧셈과 뺄셈
53	숫자 카드로 조건에 맞는 수 만들어 계산하기	4-2	2.소수의 덧셈과 뺄셈
54	어떤 수 구하기, 잘못한 계산 바르게 하기	4-2	2.소수의 덧셈과 뺄셈
55	길이의 합	3-1	8. 길이와 시간
56	길이의 차	3-1	8. 길이와 시간
57	길이의 합과 차 - 겹쳐 이은 색 테이프의 길이 구하기	3-1	8. 길이와 시간
58	거리의 합	3-1	8. 길이와 시간
59	거리의 차	3-1	8. 길이와 시간
60	거리의 합과 차	3-1	8. 길이와 시간
61	걸린 시간 구하기	3-1	8. 길이와 시간
62	도착한 시각 구하기	3-1	8. 길이와 시간
63	출발한 시각 구하기	3-1	8. 길이와 시간
64	단위가 다른 시간의 합과 차	3-1	8. 길이와 시간
65	규칙이 있는 시간의 합과 차	3-1	8. 길이와 시간
66	낮과 밤의 길이 이용하기	3-1	8. 길이와 시간
67	빨리 가거나 늦게 가는 시계에 관한 문제	3-1	8. 길이와 시간
68	들이의 합	3-2	5.들이와 무게
69	들이의 차	3-2	5.들이와 무게
70	들이의 합과 차	3-2	5.들이와 무게
71	무게의 합	3-2	5.들이와 무게
72	무게의 차	3-2	5.들이와 무게
73	무게의 합과 차(1)	3-2	5.들이와 무게
74	무게의 합과 차(2)	3-2	5.들이와 무게

	유형	학년-학기	탐구 활동
75	(두 자리 수)×(한 자리 수), (세 자리 수)×(한 자리 수)	3-1 3-2	6. 곱셈 2.곱셈
76	(두 자리 수)×(두 자리 수)	3-2	2.곱셈
77	(몇백)×(몇백)	4-1	2.곱셈과 나눗셈
78	(세 자리 수)×(두 자리 수), (네 자리 수)×(두 자리 수)	4-1	2.곱셈과 나눗셈
79	세 수의 곱셈	4-1	2.곱셈과 나눗셈
80	기준이 되는 양을 이용해 필요한 양 구하기	4-1	2.곱셈과 나눗셈
81	주어진 수에 가까운 곱셈식 만들기	4-1	2.곱셈과 나눗셈
82	끈의 전체 길이 구하기	4-1	2.곱셈과 나눗셈
83	다리 수를 알 때 마리 수 구하기	3-2 4-2	8.규칙 찾기와 문제 해결 8.규칙 찾고 문제해결하기
84	나무 간격으로 도로 길이 구하기	3-2 4-2	8.규칙 찾기와 문제 해결 8.규칙 찾고 문제해결하기
85	어떤 수 구하기, 잘못한 계산 바르게 하기	4-1	2.곱셈과 나눗셈
86	가장 큰 곱 구하기	4-1	2.곱셈과 나눗셈
87	똑같이 나누기	3-1	4. 나눗셈
88	(몇십)÷(몇)	3-2	4.나눗셈
89	몇십으로 나누기	4-1	2.곱셈과 나눗셈
90	나머지가 있는 나눗셈	3-2	4.나눗셈
91	한 자리 수로 나누기	3-1 3-2	4. 나눗셈 4.나눗셈
92	두 자리 수로 나누기	4-1	2.곱셈과 나눗셈
93	나눗셈의 몫의 크기 비교	3-1 3-2 4-1	4. 나눗셈 4.나눗셈 2.곱셈과 나눗셈
94	범위 안에서 나누어 떨어지는 수 찾기	3-1 3-2 4-1	4. 나눗셈 4.나눗셈 2.곱셈과 나눗셈
95	필요한 나무 수 구하기	4-1	8.규칙 찾기
96	학생들이 앉을 의자의 개수 알기	3-2 4-2	8.규칙 찾기와 문제 해결 8.규칙 찾고 문제해결하기
97	주어진 도형을 작은 도형으로 나누기	3-2 4-2	8.규칙 찾기와 문제 해결 8.규칙 찾고 문제해결하기
98	어떤 수 구하기, 잘못한 계산 바르게 하기	4-1	2.곱셈과 나눗셈
99	숫자 카드를 이용하여 나눗셈의 몫 구하기	4-1	2.곱셈과 나눗셈
100	둘레 구하기	4-2	5.평면도형의 둘레와 넓이
101	둘레를 이용하여 한 변의 길이 구하기	4-2	5.평면도형의 둘레와 넓이
102	넓이 구하기	4-2	5.평면도형의 둘레와 넓이
103	넓이의 활용	4-2	5.평면도형의 둘레와 넓이
104	둘레를 알고 넓이 구하기	4-2	5.평면도형의 둘레와 넓이
105	늘어나거나 줄어든 넓이 구하기	4-2	5.평면도형의 둘레와 넓이
106	덧셈, 뺄셈, ( )가 섞여 있는 식	4-1	5.혼합 계산
107	곱셈, 나눗셈, ( )가 섞여 있는 식	4-1	5.혼합 계산

	유형	학년-학기	탐구 활동
108	덧셈, 뺄셈과 곱셈 또는 나눗셈이 섞여 있는 식	4-1	5.혼합 계산
109	덧셈 또는 뺄셈과 곱셈, 나눗셈이 섞여 있는 식	4-1	5.혼합 계산
110	( ),{ }가 있는 식	4-1	5.혼합 계산
111	두 수의 합과 차를 이용하여 풀기	3-2 4-1 4-2	8.규칙 찾기와 문제 해결 8.규칙 찾기 8.규칙 찾고 문제해결하기
112	두 수의 합이나 차가 일정한 경우	3-2 4-1 4-2	8.규칙 찾기와 문제 해결 8.규칙 찾기 8.규칙 찾고 문제해결하기
113	서로 다른 양으로 나누어 주기	3-2 4-1 4-2	8.규칙 찾기와 문제 해결 8.규칙 찾기 8.규칙 찾고 문제해결하기
114	중복되는 부분을 생각하여 계산하기	3-2 4-1 4-2	8.규칙 찾기와 문제 해결 8.규칙 찾기 8.규칙 찾고 문제해결하기
115	전체의 차를 부분의 차로 나누어 구하기	3-2 4-1 4-2	8.규칙 찾기와 문제 해결 8.규칙 찾기 8.규칙 찾고 문제해결하기
116	한쪽을 다른 쪽으로 바꾸어 구하기	3-2 4-1 4-2	8.규칙 찾기와 문제 해결 8.규칙 찾기 8.규칙 찾고 문제해결하기
117	그림을 그려서 해결하기	3-2 4-1 4-2	8.규칙 찾기와 문제 해결 8.규칙 찾기 8.규칙 찾고 문제해결하기
118	식을 만들어서 해결하기	3-2 4-1 4-2	8.규칙 찾기와 문제 해결 8.규칙 찾기 8.규칙 찾고 문제해결하기
119	규칙을 찾아서 해결하기	3-2 4-1 4-2	8.규칙 찾기와 문제 해결 8.규칙 찾기 8.규칙 찾고 문제해결하기
120	거꾸로 생각하여 해결하기	3-2 4-1 4-2	8.규칙 찾기와 문제 해결 8.규칙 찾기 8.규칙 찾고 문제해결하기
121	예상하고 확인하여 해결하기	3-2 4-1 4-2	8.규칙 찾기와 문제 해결 8.규칙 찾기 8.규칙 찾고 문제해결하기
122	표를 만들어서 해결하기	3-2 4-1 4-2	8.규칙 찾기와 문제 해결 8.규칙 찾기 8.규칙 찾고 문제해결하기
123	조건을 따져 가며 해결하기	3-2 4-1 4-2	8.규칙 찾기와 문제 해결 8.규칙 찾기 8.규칙 찾고 문제해결하기
124	단순화하여 해결하기	3-2 4-1 4-2	8.규칙 찾기와 문제 해결 8.규칙 찾기 8.규칙 찾고 문제해결하기

한 권으로 끝내는 교과서 **수학 문장제**

집필 | 아울북 초등교육연구소
삽화 | 이경신

펴낸이 | 김영곤 **펴낸곳** | ㈜북이십일 아울북
인쇄일 | 1판 1쇄 2010. 07. 08 **발행일** | 1판 1쇄 2010. 07. 14
교육문화사업본부장 | 이유남
책임개발 | 조국향
기획개발 | 김수경, 이현정, 이장건
교육마케팅 | 이희영, 김태균, 정원지, 오하나, 민안기
표지 디자인 | 북이십일 디자인팀
편집 | 다우
주소 | 경기도 파주시 교하읍 문발리 파주출판문화정보산업단지 518-3(413-756)
전화 | 031-955-2738(마케팅), 031-955-2125(영업), 031-955-2127(내용문의)
홈페이지 | www.book21.com
등록번호 | 제10-1956호
값 14,800원 **ISBN** 978-89-509-2502-4, (세트) 978-89-509-2561-1